요리의
방점,
경이로운
신맛

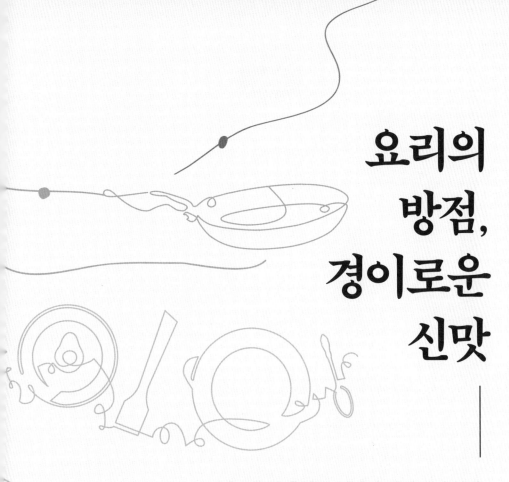

요리의
방점,
경이로운
신맛

셰프를 유혹하는 신맛과 산미료의 과학

| 최낙언 지음 |

헬스레터

우리는 신맛을 잘 모른다

최근 신맛에 대한 사람들의 관심이 많아졌다. 산미가 풍부한 커피가 스페셜티 커피의 새로운 기준이 되었고, 신맛이 강조된 사워비어, 사워도우, 내추럴 와인 등이 주목받고 있다. 과거 어느 때 보다 신맛을 강조한 제품이 많이 등장하고 있는 것이다.

신맛은 맛의 바탕을 이루는 오미 중의 하나이고, 식초는 기원전부터 사용된 아주 오래된 조미료이다. 하지만 최근까지 신맛은 단맛, 짠맛, 감칠맛에 밀려 별로 주목을 받지 못했다. 우리는 왜 신맛을 느끼는 것일까? 사실 혀에 존재하는 미각수용체는 5종류에 불과하다. 사과에는 단맛과 신맛이 있지 사과 맛은 없고 사과향이 존재할 뿐이다. 사과 뿐 아니라 모든 음식의 다양한 맛은 실제 향에 의한 것이지 실제 혀로 느끼는 맛은 단맛, 짠맛, 신맛, 감칠맛, 그리고 쓴맛 이렇게 5가지인 것이다.

우리는 혀의 단맛을 통해 탄수화물을 대표해 포도당 같은 당류를 감각하고 감칠맛을 통해 단백질을 대표해 글루탐산을 감각하고, 짠맛을 통해 미네랄을 대표해 나트륨(소금)을 감각한다. 그리고 쓴맛을 통해 독을 피한다. 혀에 있는 미각 수용체는 5가지에 불과하고 하나하나가 생존에 직결되는 명확한 이유가 있는데 신맛은 도대체 왜 존재하는지 그 목적이 좀 불분명하다. 그리고 신맛의 수용체와 기작마저도 모호하다. 음식에 신맛을 부여하는 것은 수소이온(H+)이다. 수소이온은 양성자 하나로 이루어진 세상에서 가장 작고, 가볍고, 단순한 물질이다. 그런데 우리의 몸은 그것을 어떻게 감각하는지 그 수용체조차 정확히 모르는 것이다. 사실 잘 모른다는 것도 모를 정도로 대부분 사람은 신맛에 관심이 별로 없다.

더구나 신맛에 대해서는 호불호가 갈린다. 단맛(설탕), 짠맛(소금), 감칠맛(MSG)은 대부분 사람이 좋아하는 맛이라 약간 지나치더라도 심한 거부감은 없지만 신맛은 그렇지 않다. 사소한 양의 차이에서도 거부감을 가진 사람이 나타난다. 그만큼 예민하고 까다로운 맛이라 경험이 많은 요리사도 신맛은 자신 있게 사용하기 힘들어 한다.

그런데 맛 물질 중에는 신맛 물질이 가장 다양한 편이다. 초산(식초), 젖산, 구연산, 사과산, 주석산, 숙신산, 푸마르산 등이다. 그리고 사용량도 많다. 식품첨가물 중에 가장 많은 양이 사용되는 것이 산과 알칼리제이고 화학 등 산업용으로 가장 많이 사용되는 것도 산이다. 황산의 경우 전 세계에서 연간 무려 2억 톤이 생산되고 사용된다. 그렇게 다양한 용도와 형태로 생산되는 플라스틱을 모두 합한 것이 5억 톤인데, 황산 한 품목이 그것의 절반에 가까운 양이 생산되는 것이다

이처럼 식품과 산업에 중요한 것이 산과 알칼리 물질인데, 사람들은 그 중요성에 대해 별로 관심이 없다. 산에 대해 관심이 없으니 약산과 강산의 차이도 잘 모르고, pH와 산도가 왜 다른지도 모른다. 사실 미생물 생존의 기본조건이 물, 영양분, 온도, pH이다. 세균의 생존에 절대적인 조건의 하나인 것이다. 세균 뿐 아니라 우리 몸도 정해진 pH를 유지하는 것이 생명에 절대적으로 중요하다. 혈액도 pH 7.35에서 0.2만 바뀌어도 큰 문제가 된다. 이런 pH는 식품의 보존성 뿐 아니라 용해도와 식품의 물성에도 큰 영향을 미친다.

하지만 이런 산미료(유기산)의 모든 기능과 역할을 합해도 우리 몸 안에서 하는 일에 비하면 약소한 것이다. 사실 이산화탄소와 물을 이용해 포도당을 만드는 광합성의 중간 대사 물질이 유기산이고, 포도당을 다시 물과 이산화탄소로 분해하면서 에너지를 얻는 대사과정의 중간물질 또한 모두 유기산이다. 그 뿐만 아니라 단백질을 구성하는 아미노산을 만드는 과정의 물질도 유기산이고 지방을 구성하는 지방산도 유기산이다. 우리 몸의 대사 자체가 대부분 유기산의 형태로 이루어진다고 다양한 유기산이 만들어진다. 하지만 우리 몸에 유기산의 양은 일정하게 낮은 수준을 유지한다. 적게 만들어져서가 아니고 만들자마자 계속 다른 물질로 계속 전환되기 때문이다. 만약에 대사과

정에서 만들어진 유기산이 사용되지 않고 계속 누적된다면, 우리 몸에서 압도적으로 많은 것이 유기산일 것이다. 사실 신맛(수소이온)을 감각한다는 것은 생명현상 자체를 감각하는 것이라고도 할 수 있다. 그만큼 유기산은 식품현상과 생명현상을 이해하는데 핵심적인 분자인데, 아무도 신맛과 산미료에 주목하지 않고 변변한 개론서 하나 없다는 것은 정말 아쉬운 대목이다. 나도 그동안 맛에 대한 책을 몇 권 쓰면서 신맛에 관해서는 별로 관심이 없었고 깊이 생각해보지 않았다. 개인적으로 신맛을 별로 좋아하지 않은 이유도 있었지만 한 번도 유기산의 의미를 제대로 생각해보지 않았기 때문이다.

1장에서는 신맛과 산미료에 대한 기본적인 내용을 다루었다. 신맛과 산미료의 기본적인 내용을 알고, 유기산의 전체적인 역할을 알고 나면 왜 신맛이 5가지뿐인 기본 맛의 하나인지 알게 될 것이고, 신맛(pH)을 감각한다는 것이 단맛과 짠맛에 비해 결코 그 역할이 작은 것이 아니라는 것을 알게 될 것이다. 그것이 이 책의 가장 큰 목표의 하나이다.

2장은 질산, 황산, 인산, 염산 같은 무기산(또는 미네랄산)을 다루었다. 보통 염산, 질산하면 흔히 위험하고 생명과는 전혀 무관한 물질로 생각하지만 우리 몸의 위산이 염산이고, 나머지는 식물의 필수 미네랄 산이라고 할 수 있다. 질산은 식물이 단백질을 만든데 핵심 질소원(N)이고, 인산(P)은 DNA와 에너지 대사의 핵심 미네랄이고, 황산은 식물이 황(S)함유아미노산을 만들 때 필수 성분이기도 하다. 사실 식물이 자라는 땅도 규산이라는 무기산으로 되어있다. 무기산은 화학 산업의 시작이자 생명의 시작인 셈이다.

3장에서는 식품에서 가장 많이 쓰이고 발효나 에너지 대사에서 핵심이 되는 유기산에 대해 다루었다. 많은 사람이 탄산하면 몸에 나쁜 것으로 생각하지만 우리 몸에서 가장 많이 만들어지는 물질이기도 하다. 우리 몸에 흡수된 유기물은 최종적으로는 물과 이산화탄소로 분해되어 혈액에 탄산의 형태로 녹았다가 폐로 배출된다. 그리고 유기물을 이산화탄소로 분해하는 중간과정의 물질이 피루브산, 젖산, 구연산 같은 유기산이다. 우리가 음식을 먹는 주목적이 바로 우리가 살아 움직이는데 필요한 에너지원(ATP)을 얻기 위함이다. 유기산을 이해한다는 것은 우리가 먹는 주목적을 온전히 이해한다는 것과 같은 말인 셈이다.

그리고 4장에서는 통상의 산미료의 관점에서 벗어난 좀 더 다양한 유기산을 다루어 보고자 하였다. 그 중에는 감칠맛은 내는 유기산도 있고, 보존성을 높이는 유기산, 그리고 좀 더 특별한 기능을 하는 유기산도 있다. 이런 유기산이 식품과 요리에서 어떤 역할을 하는지도 다루었다.

신맛을 내는 수소이온(H+)은 세상에서 가장 작고, 가볍고, 단순한 물질이지만 그 역할을 결코 단순하지 않다. 살아있는 생명체는 모두

요리의 방점, 경이로운 신맛

유기물을 분해해서 만들어진 수소이온의 농도차이를 이용하여 살아가는데 필요한 에너지를 얻는다. 식물은 물을 분해하여 만든 수소이온의 농도차를 이용하여 광합성도 한다. 그런데 우리는 그동안 수소이온과 그것의 맛인 신맛에 대해 너무 무심했던 같다. 생명의 대사활동의 대부분이 유기산으로 연결되어 있으므로 유기산의 기원을 추적하다보면 결국에는 생명의 핵심 기작과 만날 수밖에 없다. 그러니 생명 현상을 유기산의 관점에서 한번 조망해보는 것도 충분히 흥미롭고 의미 있는 작업인 것 같다.

이 책은 헬스레터 출판사 황윤억 대표의 부탁으로 자의반 타의반 쓰게 되었는데, 책으로 완성이 되어갈수록 쓰기 잘했다고 생각이 들 정도로도 내 나름 만족스러운 정리가 된 것 같아 기분이 좋다.

Part II. 영양과 기본이 되는 미네랄산

Part III. 맛과 에너지 대사를 책임지는 산미료

Part IV. 다양한 산미료의 특성과 활용

Part

I

신맛과 산미료 이야기

1

신맛을 느끼는 이유는 무엇일까

혀로 느끼는 맛은 5가지에 불과하기 때문에 하나하나에 뚜렷한 목적이 있을 텐데 신맛은 다른 맛에 비해 그 역할이 무엇인지 알쏭달쏭하다. 단맛은 생존에 가장 많이 필요한 에너지원인 탄수화물(당류)을 감각한다. 그래서 단맛은 누구나 좋아한다. 짠맛은 미네랄 중에 음식을 아무리 잘 챙겨먹어도 부족하기 쉬운 미네랄인 나트륨(소금)을 감각한다. 우리 몸에는 여러 가지 미네랄이 필요하지만 압도적으로 많이 필요한 것이 나트륨과 칼륨이다. 그런데 칼륨은 각각의 세포 안에 많고, 나트륨은 주로 혈액에 많다. 식물에는 피가 없으므로 칼륨은 많아도 나트륨은 별로 없다. 따라서 식물을 먹으면 칼륨과 미량 필요한 다른 미네랄은 충분히 섭취할 수 있지만 나트륨만큼은 별도로 추가해서 먹어야 한다. 그래서 나트륨을 감각하는 짠맛이 생존에 필수적인 것이다. 그리고 감칠맛은 단백질을 구성하는 아미노산 중에 대표적인 글루탐산을 감각한다. 생존에 필수적인 성분을 감각하는 것이다. 그리고 쓴맛은 독이 되는 물질을 피하는 역할을 한다. 이처럼 혀에 존재하는 4가지 미각 수용체는 그 목적이 분명한데 신맛만큼은 그 목적이 애매하다.

우리 몸에 필수적인 성분을 감각하는 것은 단맛(설탕), 짠맛(소금), 감칠맛(MSG)는 사실 너무 좋아해서 문제이다. 우리 몸은 먹을 것이 절대적으로 부족하던 시절에 만들어진 감각이라 과거에는 아무리 좋아해도 많이 먹을 수가 없어서 문제가 없었지만 지금은 주변에 너무 흔하고 저렴하게 공급이 되어 문제가 되고 있다. 그런데 신맛은 그런 논란이 없다. 신맛은 그만큼 인기가 떨어지고, 사용량도 많지 않다는 증거일 것이다.

그동안 무수한 MSG 논란이 있었고, 나트륨 저감화, 당류 저감화 운동이 있었지만 신맛에 대해서는 2017년 식품의약품안전처가 발표한 신맛이 강한 캔디에 '주의문구'를 표시하라는 정도가 유일한 안전성 이슈였을 것이다. 신맛 캔디를 한꺼번에 많이 섭취하거나 혀에 물고 오랫동안 녹여 먹으면 강한 산도(pH)로 입속의 피부가 벗겨지는 등의 해를 입을 수 있다는 것이다. 5~9세의 아이들은 신맛을 유난히 좋아한다. 어른들은 너무 시다고 싫어할 만한 과일이나 사탕도 좋아한다. 아이들이 유난히 신 것을 좋아하는 이유는 아직 명확히 밝혀지지 않았지만 나이가 들면 신맛에 대한 애정은 감소한다.

　신맛은 상황과 개인에 따라 호불호의 차이가 심하다. 강한 신맛은 고농도의 산성물질로 인해 세포에 피해를 줄 수 있으므로 싫어하지만, 약한 신맛 특히 단맛이나 짠맛과 어울리는 수준의 적당한 신맛은 기분 좋은 청량감을 제공한다. 만약에 과일주스에 적당량의 유기산이 없다면 과일의 상큼하지 않고 그저 달기만 하여 먹다보면 금방 질리기 쉬울 것이다. 사실 산미료는 단순히 음식을 시게만 하는 것이 아니라 음식을 새콤달콤하고 생동감 있게 해주며 향도 훨씬 강하고 인상적으로 만들어준다. 그래서 신맛을 적극적으로 사용하고 싶어 하는 요리사도 많다. 하지만 신맛에 대해서는 개인차가 워낙 심해 호평과 동시에 악평도 받기 쉽다. 호평보다는 악평이 영향력이 강해서 자신있게 신맛을 사용하기가 쉽지 않은 것이다. 신맛은 개인, 나이, 성별, 민족에 따라 선호도에 차이가 난다. 같은 사람이라도 어떤 제품과의 조합이냐에 따라 선호도가 달라진다. 나는 개인적으로 신맛을 좋아하지 않는 편이라, 과일의 신맛마저 매우 싫어하지만 회무침, 회덮밥, 냉면 등의 신맛은 매우 좋아한다. 신맛은 이처럼 개인과 조건에 따라 호불호가 심하게 달라져서 많은 사람을 모두 만족시키기는 쉽지 않다. 더구나 신맛은 맛 중에는 쓴맛 다음으로 민감한 감각이라 작은 양의 차이에 의해서도 호불호가 갈린다.

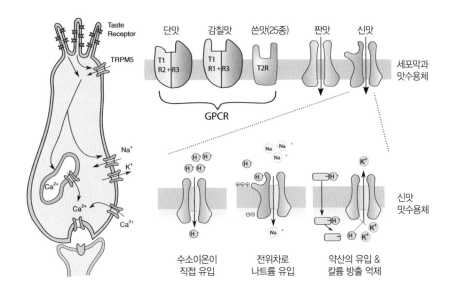

단맛	감칠맛	쓴맛(25종)	짠맛	신맛	
T1 R2+R3	T1 R1+R3	T2R			세포막과 맛수용체

GPCR

신맛
맛수용체

수소이온이 직접 유입	전위차로 나트륨 유입	약산의 유입 & 칼륨 방출 억제

• 신맛의 감각 기작 모델 •

신맛은 어떻게 느끼는 것일까

사실 우리는 아직 신맛을 어떻게 감각하는지도 정확히 모른다. 혀로 느끼는 5가지 맛 중에서 단맛, 감칠맛, 쓴맛은 GPCR형이라 400여종의 후각수용체 등을 통해 잘 연구되고 있지만, 신맛은 어떤 수용체로 감각하는지 명확하지 않고, 수소이온이 직접 미각세포로 들어가서 일어나는 감각인지, 전하차이의 발생으로 이온 채널이 열려 나트륨이 유입되면서 감각하는 것인지, 또는 해리되지 않은 산미료가 세포 안으로 침투하여 칼륨이 봉쇄되어 발생하는 감각인지 정확히는 모른다.

구체적 감각의 기작은 잘 모르고 물에 녹아 있는 수소이온(H+)이 많아질수록 시게 느껴진다는 것 정도만 아는 셈이다.

신맛은 수소이온(H+) 즉 양성자 하나로 된 세상에서 가장 작고, 가볍고, 단순한 맛 물질이다. 그런데 이런 신맛이 5가지 맛 중에 가장 이해하기 힘들고, 다루기도 힘들고, 잘 알려지지 않은 맛인 것이다.

유기산은 에너지 대사의 핵심이다

우리는 신맛뿐 아니라, 신맛을 내는 물질은 유기산에 대해서도 잘 모른다. 생명은 어쩌면 유기산에서 시작했을지 모르는데 그렇다. 1953년에 스탠리 밀러는 생명이 어떻게 시작했을까 연구하기위해 수소, 메탄, 암모니아 및 수증기로 이루어진 원시 대기 조건에서 전기 방전을 통해 어떤 유기물의 합성되는지 조사했다. 그 결과 발견된 대부분 물질이 유기산이었다. 그리고 지금도 생명활동은 유기산으로 연결되었다고 할 정도로 중간 대사산물은 유기산인 경우가 많다. 특히 아데노신삼인산(이하 ATP)을 만드는 에너지 대사의 경우 그렇다.

가전제품은 전기가 있어야 작동하지만 생명체는 ATP가 있어야 작동한다. 휴대폰이 배터리가 떨어지면 모든 기능이 멈추듯 우리 몸도 ATP가 고갈되면 모든 기능이 멈춘다. 가전제품의 전기와 똑같은 작용을 생명체에서는 ATP가 하는 것이다. 그리고 사용량도 엄청나다.

요리의 방점. 경이로운 신맛

매일 자기 체중만큼의 ATP를 소비한다. 그래서 우리 몸의 모든 세포는 잠시도 쉬지 않고 ATP를 만든다. 포도당을 무산소호흡 즉 산소가 없이 분해하면 이산화탄소로 완전히 연소하지 못하고 젖산까지만 분해하면서 2ATP의 적은 에너지가 만들어진다. 산소를 이용해 포도당을 이산화탄소와 물로 완전히 분해하면 32ATP 이상의 많은 에너지가 얻어진다. 그래서 우리는 잠시도 쉬지 않고 호흡을 통해 산소를 공급하는 것이다. 사실 우리가 음식을 먹는 이유의 대부분은 우리의 몸을 만드는 데 필요한 부품을 공급하는 것이 아니라, 본인이 이미 가지고 있는 몸을 작동하는데 필요한 에너지를 얻기 위함이다.

우리는 매일 온갖 미디어를 통해 수많은 음식 이야기를 보고 듣는다. 하지만 우리가 먹은 것의 50% 이상은 포도당이라는 것을 말해주는 경우는 없다. 우리가 먹는 것의 60% 이상이 탄수화물이며, 탄수화물은 대부분 포도당으로 되었다는 것을 뻔히 알면서도 그렇다. 그리고 우리가 먹은 것의 대부분은 이산화탄소의 형태로 입을 통해 배출된다. 만약에 우리가 먹은 것의 10%만 우리 몸이 된다고 해도 끔찍한 일이 벌어진다. 우리는 매일 1.5kg 정도의 음식을 먹는데 그 중에 10%만 우리 몸이 되어도 우리의 체중은 1년에 50kg 이상 늘어날 것이기 때문이다.

우리의 생로병사의 대부분 즉 건강과 질병은 주로 ATP의 생산과 소비 과정에서 일어나는 대사현상에 달려있다. 그리고 ATP를 생산하는 회로는 피루브산, 구연산, 숙신산, 말산과 같은 유기산으로 이루어져 있다. 그런데 우리는 왜 에너지 대사가 유기산의 형태로 이루어질 수밖에 없는 지와 같은 핵심적인 질문에는 관심이 없고, 에너지 대사에서 효소의 작용을 보조하는 조효소에 불과한 비타민을 찬양하기에 바쁘다.

우리 몸 안에서는 ATP를 합성하는 양에 비례하여 그만큼 많은 유기산이 만들어진다. 만약 이들 유기산이 계속 다른 형태로 소비되지 않고 계속 축적된다면 우리 몸은 금방 유기산으로 가득 차게 될 것이다. 신맛은 이런 유기산이 내놓은 수소이온(H^+)의 농도를 감각하는 기능을 한다.

누가 나에게 생명현상에서 가장 중요한 능력이 뭐냐고 묻는다면 나는 단연코 수소이온(H^+)을 만들고 관리하는 능력이라고 하겠다. 사실 생명은 수소이온을 만드는 것에서 시작된다고 할 수 있다. 광합성을 통해 만든 포도당이 생명을 만드는 분자의 시작인데, 광합성은 햇빛의 에너지를 이용하여 물을 분해하는 것부터 시작된다. 식물의 엽록소에서 물(H_2O)이 분해되면 산소, 수소이온(H^+) 그리고 전자가 남는데, 산소(O_2)는 쓸모가 없어서 즉시 배출이 되고 수소이온(H^+)과 전자(e^-)가 에너지 생산과 유기물 합성의 핵심이다. 세포막을 경계로 수소이온이 높아지면, 이 농도차이를 이용하여 ATP합성효소가 회전을 한다. 그리고 ATP합성효소가 1회전을 할 때마다 3개의 ADP와 인산(Pi)이 결합되어 3개의 ATP가 합성된다. 이것이야 말로 햇빛의 에너지가 생명의 화학에너지가 되는 결정적인 순간이다. 그리고 이 에너지를 이용하여 이산화탄소에 수소를 결합하는 형식으로 만들어진 것이 포도당이다. 포도당이 만들어지면 나머지 모든 유기물(생명의 분자)을 만들 수도 있다. 수소이온은 이처럼 단순한 물질에서 더 큰 분자를 만드는 동화작용(anabolism)의 핵심이지만 반대로 복잡한 물질을 분해하여 에너지를 얻는 이화작용(catabolism)에서도 핵심이다.

포도당을 유기산의 형태로 바꾸고 이를 이용해 ATP를 합성하는 과정은 3장에서 좀 더 자세히 다루겠지만 기본 원리는 간단하다. 포도당을 유기산($R-COOH$)의 형태로 바꾸면, 분자구조가 쉽게 수소이온을 방출하는 형태가 되고 ($R-COO$와 H^+), 이산화탄소로 분해하기 쉬운 구조가 된다. ($R + COO$) 이런 일련의 과정을 반복하면 점점 작은 유기물(유기산)이 되면서 에너지가 생산된다. 수소이온의 농도차이를 이용하여 ATP를 합성하는 것은 광합성에서 물을 분해하여 ATP를 합성하는 원리와 완전히 같다. 광합성과 호흡이 완전히 다른 것으로 보이지만 진행 방향만 다르지 기작은 같은 것이다.

우리가 살아간다는 것은 ATP를 소비한다는 것이다. 아무 일도하지 않고 잠만 자도, 심장은 박동하고, 폐로 호흡을 하고, 뇌는 펄스를 만들고, 신장은 여과기능을 한다. 그래서 나름 열심히 운동을 할 때와 큰 차이가 나지 않을 정도로 많은 ATP를 소비한다. 음식물이 끊임없이 유기산의 형태로 분해되면서 소비되는 것이다. 그래서 그나마 이정도의 체중이 유지되는 것이다. 만약에 우리가 먹는 것이 그대로 우리 몸이 된다면 매년 체중이 600kg이상 늘어날 것이다.

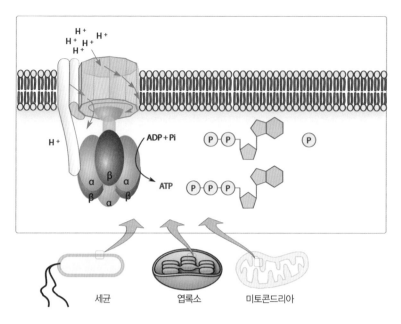

• ATP와 ATP합성효소 •

신맛(유기산)이 아직 익지 않은 과일에 많은 이유도 보호의 목적이 있고, 발효할 때 만들어지는 알코올과 젖산도 다른 효모와 세균을 억제하는 보호의 목적이다. 신맛이 있다는 것은 수소이온이 있다는 것이고, 수소이온으로 에너지대사를 억제하겠다는 것이다. 미생물은 정말 종류가 많아서 그 중에는 상상을 초월하는 환경에서 사는 것도 많지만 대부분 낮은 pH에는 잘 자라지 못한다. 그래서 pH가 낮은 제품은 굳이 세균을 완전히 죽이는 멸균을 하지 않고 병원성 균을 죽이는

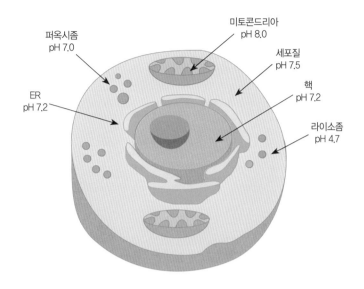

· 세포안의 pH 조절 ·

살균만 하는 경우가 많다. 음료나 과일주스는 대부분 산성이고 이런 제품은 살균으로 보존성이 충분히 유지되는 것이다.

이처럼 pH가 미생물의 생존에 결정적인 영향을 미치는 이유는 모든 생명의 동력을 만드는 ATP합성효소가 수소이온의 농도차를 이용하여 작동하기 때문이다. 반대 쪽의 수소이온 농도가 높아져 농도차가 없어지면 ATP합성효소가 작동하지 못하고, ATP가 없으면 모든 생명현상은 멈춘다. 그래서 산미료는 식품에서 가장 광범위하게 사용되는 보존제이기도 하다.

우리 몸에서도 수소이온의 농도를 일정한 수준으로 유지하는 것이 생존에 필수적이다. ATP합성효소를 작동시키면서 미토콘드리아 안으로 들어온 수소이온(H^+)을 제거하는 가장 놀라운 방법이 바로 산소 (O_2)와 결합시켜 물(H_2O)을 만드는 것이다. 산소만 충분하면 수소이온 은 얼마든지 제거할 수 있고, 동시에 생존에 가장 필수적인 물을 만들 수 있는 것이다.

우리가 프로바이오틱스 하면서 유산균을 찬양하는데, 유산균이 하 는 기본적인 일은 바로 유산(젖산)을 만드는 일이다. 우리 장속에는 우 리 몸 세포의 숫자보다 많은 40조 이상의 다양한 미생물이 살고 있는 데, 이들 미생물의 균형을 유지하는데 유산균이 만든 젖산이 큰 역할 을 한다. 부패균이나 유해균이 과도하게 자라는 것을 억제하는 것이 다. 이것은 김치나 많은 발효제품에서도 마찬가지다. 발효과정에서 만들어진 젖산이나 유기산이 pH를 낮추어 유해균의 증식을 억제하여 식품을 장기간 저장할 수 있게 해준다. 과거 냉장고가 없을 때는 소금 과 함께 식초와 같은 유기산이 식품의 보존성을 높여주는데 큰 역할 을 했다. 그런데 우리의 혀는 신맛 수용체는 단맛보다 100배나 예민 하게 작동한다. 아주 작은 양의 산미료에도 예민하게 반응하는 것이 다. 사용량에 제한이 있을 수밖에 없다. 그러니 신맛이 어울리는 제품 말고는 산미료를 보존료로 사용하기는 어렵다.

그런데 소브산, 프로피온산, 안식향산도 유기산이지만 훨씬 작은 양으로 보존성을 높여준다. 이들은 세균에서 에너지 생산에 필요한 효소의 작용을 억제하는 기능이 추가적으로 있기 때문이다. 그래서 따로 보존료로 사용된다.

요리의 방점, 경이로운 신맛

산미료의
역할

2

신맛을 통해 풍미를 높인다

신맛은 단맛과 궁합이 좋아서 과일이나 디저트에 감미료와 함께 쓰인다. 특히 과일음료 같은 것을 개발할 때는 목표로 하는 과일의 당산비(당도/산도)를 확인하여 그 과일과 비슷한 감미도와 산도를 맞추어 제품을 개발한다. 아무리 당도가 높고 향이 좋아도 산미가 없으면 그 과일 특유의 맛을 구현하기 힘들기 때문이다.

즉 신맛은 단맛 등 다른 맛과 어울리면 풍미를 증폭시키는 역할을 한다. 그래서 신맛이 약해지면 향도 약한 것처럼 느껴지고, 적절한 수준으로 산이 증가하면 신맛 느낌보다 풍미가 증폭되고 생동감이 증가하고, 맛이 섬세하게 느껴진다. 이런 제품에서 신맛이 줄어들면 과일에서 단맛이 약해지면 향이 약해지는 것처럼 향도 흐릿해진다. 따라서 적절히 산미료를 사용하면 신맛과 향 그리고 감미와 감칠맛 까지 높이는 경우가 있다. 구연산도 감칠맛은 높여주는 경우가 있지만 숙신산은 산미료보다 감칠맛 원료로 구분될 정도로 감칠맛에 효과적이다. 특히 해산물요리나 중화요리에 잘 어울린다.

사람들은 일반적으로 감미와 산미가 적당하면 새콤달콤하다고 좋아하고, 신선한 향과 함께 적당한 산미가 있으면 상큼하다고 좋아한다. 새콤한 맛은 침을 고이게 하며, 침은 소화를 돕고, 맛을 잘 느끼는 데 도움을 준다. 그리고 산미는 지방의 느끼함도 잘 잡아준다. 삼겹살을 먹을 때 새콤한 김치가 잘 어울리는 이유이다.

- 신맛은 산미와 동시에 풍미는 높이는 역할을 한다.
- 캔디, 젤리, 잼, 탄산음료, 과일음료 등의 디저트와 김치, 와인, 요구르트 등에서 신맛이 빠지면 맛은 아주 밋밋해질(flat) 것이다.
- 단맛이 강한 제품에 적절한 산미를 부여하면 맛이 지루하지 않고 균형이 좋아진다.
- 많은 유기산이 향료의 원료로 사용될 정도로 독특한 향취를 가진 산미료도 많다. 이런 산미료는 각각의 제품의 정체성을 부여하기도 한다. 그래서 주석산은 포도 향 제품과 잘 어울리고, 인산은 콜라 향에 잘 어울리고, 구연산 푸마르산 사과산은 대부분의 과일 향과 잘 어울린다.

- 산미료마다 신맛의 특징이 다르다. 구연산은 깔끔하고, 사과산은 부드럽고, 식초는 자극성이 있고, 젖산은 시큼하며, 푸마르산은 금속성 느낌, 타타르산(주석산)은 쓰거나 날카로운 맛이다.
- 유기산은 알코올과 반응하여 에스터류 향기물질이 되기도 한다.

보존성을 높인다

산미료는 pH를 낮추어 미생물의 성장을 억제하는 정균능력이 있다. pH가 낮으면 병원성균등의 성장이 억제되어 살균온도를 낮추고 살균 시간을 줄일 수 있다. 높은 온도에 오래 가열할수록 가열취는 증가하고 신선한 향은 감소하는데, 이런 품질의 손상을 줄일 수 있는 것이다. 만약에 산에 의한 보존효과가 없다면 과일음료마저 레토르트 멸균을 해야 할 것이고, 가열취가 발생하여 음료의 품질이 떨어질 뿐 아니라 PET 용기는 레토르트 온도를 견디지 못하기 때문에 지금의 투명하고 가벼운 PET용기의 음료는 쓸 수 없게 될 것이다.

유기산은 무조건 보존성을 높인다고 생각하는데, 유기산 자체는 보존성을 높이지 않는다. 예를 들어 분말제품에 구연산 분말을 뿌려봐야 보존성이 증가하지 않는다. 오히려 구연산이 미생물의 영양원으로 쓰일 수 있다. 구연산이 물에 녹아 수소이온이 방출되어야 보존성을 높이는 효과가 발생한다.

미생물 종류별 최적 pH와 최저 pH

미생물	최저 pH	최적 pH	최고 pH
세균(대부분)	**4.5**	6.5~7.5	**9.0**
Bacillus subtilis	4.2~4.5	6.8~7.2	9.4~10
E. coli	4.3~4.4	6.0~8.0	9.0~10
Lactobacillus(most)	3.0~4.4	5.5~6.0	7.2~8.2
Salmonella(most)	4.5~5.0	6.5~7.5	8.0~9.0
효모(대부분)	**1.5~3.5**	**4.0~6.5**	**8.0~8.5**
S. cerevisiae	2.0~2.4	4.0~5.0	–
곰팡이(대부분)	**1.5~3.5**	**4.5~6.8**	**8.0~11**
A. niger	1.2	3.0~3.6	–
Penicillium	0.9	4.5~6.7	9.3

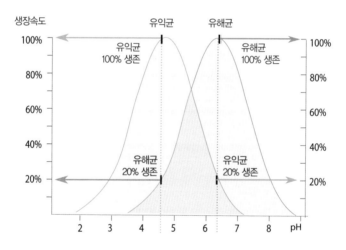

• pH에 따른 보존성 효과 •

pH를 낮추는 것은 벤조산, 소브산, 프로피온산 같은 보존료를 사용할 때 더 중요하다. pH가 높으면 이들 산미료는 수소이온을 내놓고 해리가 되면서 (−)극성을 띄게 되어 세포막을 통과하는 능력이 떨어

요리의 방점, 경이로운 신맛

pH에 보존료의 효과

제품 pH	이온화정도(%)	보존료 필요량(%)	증가율(배)
4.5	35.5	0.2	(기준)
5.0	63.5	0.35	1.75
5.5	84.6	0.84	4.2
6.0	94.6	2.39	11.9
6.5	98.2	7.17	35.8

*출처: https://www.americanpharmaceuticalreview.com

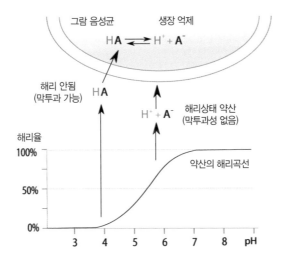

• pH에 따른 유기산의 세포막 투과력과 살균효과 •

진다. pH가 낮아야 보존료가 해리되지 않아 극성을 띄지 않고, 쉽게 세포막을 통과하여 세포 안으로 들어가 효소의 작용을 억제하여 보존료의 기능을 잘 발휘된다. 그런데 보존료 자체의 용해도는 해리가 되어야 높아지고, 해리되지 않으면 급격히 감소한다. 분자단위로 녹지 않으면 보존료가 제 역할을 하지 못한다. pH가 낮으면 잘 녹지 않으므로 벤조산과 같은 보존료는 별도로 용해 처리를 해야 한다.

유기산은 에너지원으로 사용될 수 있다

지방산과 아미노산은 당연히 에너지원으로 활용 될 수 있는데, 유기산도 에너지 대사의 중간산물이기 때문에 에너지원으로 사용되어 에너지 보충과 피로회복의 기능도 있다. 단지 유기산의 함량이 적어 에너지원으로 가치가 낮을 뿐이다.

착화물(킬레이션) 형성을 통해 미네랄의 흡수를 촉진 또는 억제한다

유기산은 1~3개의 카복실기를 가지고 있는데 이것은 음전하를 띠고 있기 때문에 양전하를 띠는 미네랄과 결합하는 능력이 있다. 이것을 킬레이션 능력이라고 하는데, 이것은 미네랄의 흡수를 도울 수도 있고 방해할 수도 있다. 피트산, 옥살산이 미네랄의 흡수를 억제하는 대표적인 항영양소로 알려졌지만 철분, 칼슘, 마그네슘 등을 유기산을 이용하여 킬레이트 형태로 제조하여 미네랄 흡수를 촉진하려는 제

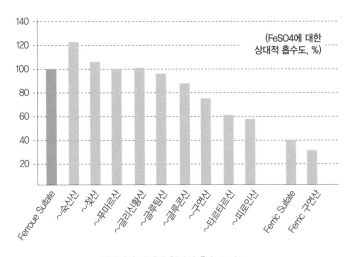

140
120
100
80
60
40
20

(FeSO4에 대한
상대적 흡수도, %)

Ferroue Sulfate
~숙신산
~젖산
~푸미르산
~글리신황산
~글루탐산
~글루콘산
~구연산
~타르타르산
~피로인산
Ferric Sulfate
Ferric 구연산

• 킬레이션 물질에 철분의 흡수도 비교 •

(Redrawn from Brise,H, Acta Med Scan Suppl. 358~366, 1960)

품도 있다. 주변 환경과 효소 그리고 유기산이 얼마나 단단하게 결합
하느냐에 따라 미네랄의 흡수를 촉진 또는 억제할 수 있는 것이다.

착화물(킬레이션) 형성을 통해 항산화 기능을 보조 한다

산미료는 과일이나 채소의 갈변을 억제하는 기능을 한다. 소량의
철분과 같은 금속(미네랄)이 있으면 식품에서 산화반응에 의해 탈색이
나 산패 또는 영양분의 파괴가 잘 일어난다. 산미료는 킬레이팅 능력
이 있기 때문에 이들 금속염을 붙잡아 금속염이 산화반응을 촉매(촉
진)하는 것을 억제한다.

산성식품이니 알칼리성 식품이니 하는 것은 엉터리 분류이고, 우리 몸의 혈액과 세포의 pH는 먹는 음식의 pH와 무관하게 일정하게 유지된다. 이런 pH의 안정성에 가장 크게 기여하는 것은 혈관에서는 탄산이고 세포 안에서는 인산이다. 음료의 경우 레토르트 살균을 하면 pH가 낮아지는 경우가 있다. pH가 낮아지면 용해도 등 제품의 특성이 달라지기 때문에 중탄산나트륨 같은 버퍼를 이용하여 pH가 낮아지는 것을 억제한다.

용해도 및 물성 조절,
산미료는 유기물의 용해도에 결정적인 역할을 한다.

pH가 생명현상에 중요한 또 다른 이유는 유기물의 용해도를 바꾸기 때문이다. 식품과 우리 몸을 구성하는 분자는 유기산, 아미노산, 지방산등 산성을 띈 물질이 많아 일반적으로 산성에서 용해도가 떨어지고 알칼리에서 용해도가 높아진다. 그래서 가공식품 배합을 할 때 산은 특별한 경우를 제외하고는 나중에 첨가한다. 그리고 단백질은 등전점에서 특히 용해도가 낮아져 응집반응이 일어난다. 이런 반응을 이용한 대표적인 것이 산으로 응고시킨 치즈와 두부다. 두부의 응고

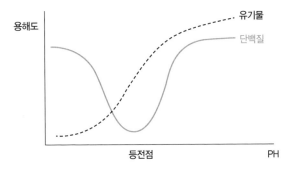

• 단백질과 유기물(당류,산류등)의 pH에 따른 용해도 변화 •

제는 칼슘이나 마그네슘이 많이 쓰이지만 포장두부 등에는 글루콘산을 이용하여 보수력과 탄력이 좋은 두부를 만들기도 한다.

생선표면에 레몬즙을 뿌려 비린내를 줄이는 것도 용해도를 이용한 기술이다. 생선의 비린내는 물고기가 바닷물의 염도에 대응해 충분한 삼투압을 유지하기 위해 체네 보관하는 TMAO(무취)라는 물질이 TMA로 바뀌면서 일어나는데 이것은 알칼리성 물질이라 레몬즙의 산으로 pH가 낮아지면 용해도가 증가하고 휘발성이 현저하게 줄어들어 생선 밖으로 빠져나오지 않아 코로 느끼는 냄새가 크게 줄어든다. 비린내가 약해지는 것이다.

식품별로 적합한 pH가 있고, pH가 달라지면 제품은 근본적으로 달라지기도 한다. pH는 잼, 젤리 등의 겔(gel)형성에 중요한 역할을 한다. 밀가루 반죽의 경우 산미료의 사용에 따라 팽창제의 기능이 달라지고 반죽의 물성도 달라지게 한다. 특히 숙신산과 아세트산은 글루텐과 반응하여 반죽의 물성이 달라지게 한다. 그리고 치즈, 마가린, 하드캔디에서는 산미료에 의해 제품이 부드러워지는 온도와 용해 특성 그리고 식감이 달라진다.

물성을 다룰 때 pH와 산도를 잘 알아야 하는 이유는 용해도에 결정적인 영향을 주기 때문이다. 용해도는 친수성 효과보다는 전기적 반발력에 더 많이 좌우된다. 반발력이 있으면 분자끼리 서로 강력히 밀어내어 골고루 분산되거나 용해된다. 단백질의 경우 전기적 반발력이 없어지는 등전점에서 용해도가 가장 낮다. 유기물은 대부분 산성이다. 그래서 pH가 낮아지면 이들의 극성이 수소이온(H^+)에 의해 봉쇄되어(제타전위 감소)하여 용해도가 떨어진다. 알칼리 물질을 첨가하여 pH가 높아지면 –OH에 의해 해리되는 정도가 증가하고. 해리되면 극성에 의한 반발력으로 용해도가 크게 증가한다. 식품에서 흔히 사용되는 알칼리 물질은 구연산나트륨, 탄산나트륨, 인산나트륨이다.

- **구연산나트륨** : 수용액은 약한 알칼리성이며 5% 용액의 pH는 7.6 ~ 8.6
  이다. 식품에 완충(buffer)작용한다. 청량음료 등에 구연산을 사용할 때 산
  미를 완화할 목적으로 구연산과 같이 첨가하기도 한다. 증점다당류를 녹

• 구연산염, 탄산염, 인산염의 분자구조 •

일 때나 치즈를 만들 때 등 칼슘이 단백질이나 다당류를 붙잡고 있을 때 구연산나트륨을 첨가하면 구연산은 칼슘을 붙잡고 나트륨은 유기물의 (−)기를 마스킹하여 쉽게 잘 녹게 한다. 젤리/잼들을 제조하는 경우 처럼 증점다당류를 완전히 녹게 할 때 중요하다.

• **중조(탄산나트륨)** : pH가 10.3, (탄산일 경우 pH 6.4)으로 알칼리성이다. 산 도조절제와 팽창제 등 다양한 용도로 쓰인다. 레토르트 살균을 하는 음

축합인산염의 pH

축합도	분자식	이름	pH(1%)	Na/P
1	Na_3PO_4	정인산나트륨	12.0	3/1
2	Na_4PO_7	피로인산나트륨	10.2	4/2
3···	Na_5PO_{10}···	트리폴리인산나트륨···	9.5···	5/3···
6~20	$(NaPO_3)n$	메타인산나트륨	6.5	1
〉20	$Na_xH_y(PO3)_z$	산성인산나트륨	〈2.5	〈1

료의 경우 고온 살균에 의해 제품의 pH가 낮아지는 것을 억제할 수 있다.

• **인산염/ 폴리인산염** : 인산염은 Na_2 / P_2O_5의 비율과 중합도 조정으로 넓은 범위의 완충력(buffer 능력)을 가진다. 여러 개의 (−)극성을 가지고 있어서 금속이온과 결합하여 금속이온의 작용을 봉쇄하는 작용 역할을 한다. 금속이온은 산화력이 있어서 비타민C를 분해하거나 색소를 퇴색 또는 변색시키는데 이런 작용을 억제할 수 있고, 금속이온 맛과 냄새도 억제 할 수 있다. 단백질 등과 결합력도 좋다. 단백질과 결합하면 음전하(−)를 띄게 하여 반발력을 부여하여 가용화되게 친수성이 좋아지고 보수성도 증가한다. 치즈나 육가공에서 인산염을 많이 사용하는 이유이다. 그 중에 폴리인산염은 특히 많은 (−)전하를 띠고 있어서 다른 단백질이나 검류와 작용을 잘한다. 인산염은 분산작용도 뛰어나다. 물에 용해하기 힘든 물질을 현탁 안정액으로 만들어 분산시키고 응집을 억제한다. 이온 브릿지를 형성하고, 안티케이킹제의 역할을 하며 결정생성을 억제하여 난용성 물질의 결정이 석출되는 것을 억제할 수 있다. 다재다능한 물질이다.

요리의 방점, 경이로운 신맛

셀룰로스는 매우 강인한 구조이다. 나무가 100미터 넘게 자랄 수 있는 것은 셀룰로스가 그만큼 강하기 때문이며 예전에 마로 로프나 옷을 만들었고, 모시, 삼베도 식물의 단단한 셀룰로스를 이용한 것이다. 흰개미의 장에서 살아가는 미생물은 강산을 만들어 셀룰로스를 분해한다고 한다. 이처럼 강산 또는 강알칼리는 여러 가지 물질을 녹이는 훌륭한 용매로 작용한다. 대표적인 강산이 염산이라면 수산화나트륨은 대표적인 강염기이다. 잿물은 나무를 태운 재에 물을 부어 침전시킨 후 걸러서 얻어지는 물이다. 알칼리성을 띠므로 세탁에 효과가 있다. 지방과 반응시켜 비누를 만들어 사용했다.

한지는 만들 때에도 단단한 셀룰로스를 풀기위해서는 잿물(알칼리수)이 필수다. 잿물에 4~5시간 삶아야 섬유소의 틈새를 벌어진다. 그래야 나무의 섬유소를 잘 풀 수 있고 좋은 종이가 된다. 수산화나트륨은 화학 산업에서 빠지지 않는 물질이다. 중화나 유기물을 녹이는 용도로 많이 쓰인다. 단백질을 녹이는 성질이 있어서 공장에서 CIP 용매로도 사용한다. 염산과 수산화나트륨이 만나면 염화나트륨과 물로 중화가 된다. 산분해간장를 제조할 때도 이 수산화나트륨과 염산의 중화반응을 이용하는데, 탈지대두에 염산을 넣어 가수분해하여 아미노산을 생성시킨 뒤, 수산화나트륨으로 중화시키고 여과하여 만든다.

이처럼 여러 산미료(유기산)는 식품에서 다양하고 중요한 역할을 하고, 우리 몸안에서 만들어지는 유기산은 더 결정적인 역할을 하는데, 우리는 그동안 산미료에 대해 너무 무관심 했던 것 같다.

pH는 식품의 색에도 영향을 준다. 일반적으로는 pH가 낮아지면 용해도를 낮아져 색이 약해지고, pH가 높아지면 용해도가 높아져 색이 진해지는 경향이 있는데, pH가 색소분자 자체의 특성을 바꾸어 색이 달라지기도 한다. 시금치 같은 잎채소에 많은 색소가 엽록소(클로로필)이다. 엽록소의 기본구조는 혈액의 헤모글로빈과 유사한데, 색소 중심에 철(Fe) 대신 마그네슘(Mg)이 있는 것이 다른 점이다. 헤모글로빈의 철 분자에 무엇이 결합하느냐에 따라 색이 달라지듯이 엽록소는 마그네슘에 무엇이 결합하느냐에 따라 색이 달라진다. pH가 낮아지면(수소이온이 증가하면) 엽록소의 마그네슘(Mg^{2+})이 떨어져 나오고 그 자리를 수소이온(H^+)이 차지하면서 색이 약해진다. 만약에 염화아연($ZnCl_2$) 같은 것을 첨가하여 마그네슘을 아연이나 구리이온으로 치환하면 pH가 낮아지더라도 이들은 클로로필에 결합하고 있으므로 밝고 선명한 색이 유지된다. 반대로 잎채소에 베이킹소다 같은 알칼리제를 첨가하여 pH를 높이면 엽록소의 마그네슘은 유지되고 지용성을 부여하던 피톨(phytol) 가지가 떨어져나가 물에 잘 녹는 분자(Chlorophyllide)가 되어 색이 선명해진다.

노란색부터 적색을 내는 카로티노이드계 색소는 엽록소 다음으로

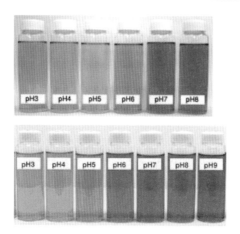

• 적무(비트레드)색소와 락색소의 pH에 따른 색의 변화 •

자연에 풍부한데, 4개의 터펜이 결합한 형태로 pH에는 변화가 없이 안정하고, 열에도 안정하지만 빛에 의해 산화되기 쉽고 산화되면 색을 잃는다.

적색이나 보라색 등을 나타내는 안토시아닌계 색소 등은 pH에 따라 색소분자의 극성이 달라져 색의 강도 뿐 아니라 색조 자체가 달라지는데 pH가 높아지면 진한 적색이나 자주색을 띄는 색이 더 강화되는 경향이 있다.

색은 가열 과정에서 캐러멜반응이나 메일라드 반응으로 만들어지는데 이 과정은 pH에 영향을 받는다. 알칼리 조건에서 멜라노이딘의 생성이 왕성한데, pH에 따라 만들어지는 향기성분의 패턴도 달라진다.

신맛이야기

신맛의 선호도에 대한 개인차가 크다.

신맛은 무작정 좋아하기는 힘든 맛이다. 원래는 시지 않은 식재료에서 신맛이 난다는 것은 미생물이 자라 부패했을 가능성이 있다는 신호이기 때문이다. 음식이 절대 부족했던 과거에 신선한 식품은 많지 않았고 어지간한 상태의 음식이면 먹어야 했다. 이때 먹을지 말지를 판단하는데 냄새와 신맛이 많은 역할을 했다. 신맛은 경계의 맛이자 조심스러운 맛이었다.

그래서인지 신맛은 개인차와 농도 차이에 따라 호불호가 크게 달라져 많은 사람을 만족시키기는 정말 힘들다. 신맛은 쓴맛 다음으로 민

요리의 방점, 경이로운 신맛

감한 맛이라 작은 양에 의해 호불호가 갈린다. 그리고 개인차와 익숙한 정도에 따라 선호도가 완전히 달라진다. 사실 신맛보다 쓴맛이 개인차가 심하지만 그래도 신맛도 개인차가 심하여 모두를 만족시키기는 쉽지 않다. 한국인은 서양인보다 신맛에 열 배 정도 민감하다고 한다. 그래서 신맛에 둔감한 서양에서는 우리가 거칠다고 느낄만한 신맛을 시다고 느끼기 보다는 조화롭거나 풍미가 좋다고 느끼기 쉽다. 반대로 우리가 적당한 신맛이라고 생각되는 것을 향이 약하고 생동감이 없다고 느낄 수있다. 최근 신맛의 인기는 해외여행으로 다양한 신맛의 제품에 익숙해지면서 신맛을 수용하는 범위가 확장되었다고 해석할 수도 있다. 신맛에 대한 호감이 상승했지만 아직 넘어야할 벽이 많다. 오랜 진화의 결과물로 만들어진 우리의 본능을 의욕만으로 쉽게 극복하기 힘들기 때문이다.

과일에 유기산이 많은 이유

과일은 식물의 다른 부위와 목적이 근본적으로 다르다. 다른 부위는 자신을 곤충이나 초식동물로부터 방어하는 것이 목적인데, 과일만큼은 동물을 유혹하여 씨앗을 멀리 퍼뜨리는 것이 목적이다. 그래서 씨앗이 준비가 되면 과육의 탄수화물을 분해하여 맛과 향기 성분을 만들어 동물을 유혹한다. 익지 않은 상태에는 시고 떫은맛으로 보호하다가 충분히 성숙하면 이들을 줄여 기꺼이 먹힐 준비를 한다.

커피는 생두에는 유기산 종류도 많아서 30종이 넘고 그 중 가장 중요한 것은 클로로젠산, 구연산, 사과산이다. 클로로젠산은 10%를 차지할 정도로 많은데 병원균, 초식동물, 햇빛 등의 스트레스에 대응하는 역할을 한다. 클로로젠산과 함께 2차 대사산물인 카페인, 트리고넬린도 어린잎부터 농도가 높고 관련 효소 역시 매우 활성이 높다. 저절로 떨어지는 잎에는 카페인이 없다고 하는 것을 보면 소중한 질소원인 카페인을 회수하여 재사용한다는 것을 암시한다. 카페인과 클로로젠산의 합성은 서로 밀접한 관계를 가지고 있다. 카페인을 어디에 얼마만큼 축적할 것인지를 클로로젠산에 의해 제어하는 것으로 보인다. 식물의 클로로젠산 이동에 따라 카페인의 분포가 달라지며 카페인은 잎 끝부분에는 많이 축적되어있고 중간 부분에는 농도가 현격히 낮은데 클로로젠산의 분포와 똑같다. 곤충 공격에 먼저 닿는 잎 끝부분의 농도를 높여 효율성을 높인 것이다. 이처럼 유기산은 다른 물질과 함께 성장기간 동안 식물을 보호하는 역할을 한다.

과일에는 구연산이 많다

생명체에서 유기산을 만드는 과정은 너무나 흔하고 양도 많지만 계속 소비되고 제거되기 때문에 남아있는 양은 별로 많지 않다. 하

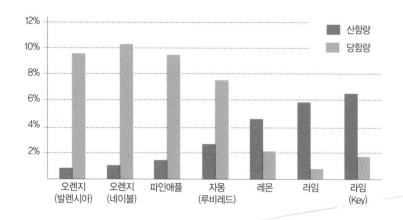

• 시트러스계 과일에서 유기산 함량 •

지만 덜 익은 과일이나 레몬, 라임에는 많은 유기산이 축적되어 있
다. 그래서 우리는 레몬이라는 말만 들어도 입에 침이 고이고 몸서
리를 치기도 한다. 보통 산미료는 0.2%로도 충분한데, 레몬에는 무
려 5%~6%의 구연산이 들어있기 때문이다. 레몬은 워낙 산미가 강해
과일보다는 산미료로 사용된다. 과일의 종류에 따라 함유한 유기산의
함유량과 종류가 다르지만 보통은 구연산이 가장 많다. TCA회로의
시작물질이고, 적당한 크기로 이송도 편하고 다른 분자의 중간산물
로도 쓰기 좋은 물질이기 때문이다. 파인애플은 숙신산이 많은 것이
특징이다.

　신맛이 단순히 수소이온의 맛이라면 산미료의 맛은 같아야 할 텐데, 산미료에 따라 맛이 다르다. 수소이온 말고 나머지 부분이 맛 물질로 작용하기 때문이다. 그리고 수소이온을 내놓는 속도, 해리되는 농도 등이 다르기 산미료별로 느낌이 다르다. 같은 곡도 부르는 사람 음색에 따라 느낌이 다른 것처럼 모든 산미료는 다른 맛을 낸다.

　산미가 느껴지는 속도도 중요하다. 빠르게 느껴지는 것도 있고 느리게 느껴지는 것과 조금 느리게 느껴지는 것이 있는데 제품의 특성 즉 향의 릴리스 형태에 따라 궁합이 맞는 산미료가 있다. 감미료 중에는 설탕이 적당한 감각 속도를 가진 것처럼 산미료에는 구연산이 적당한 속도를 가지고 있다. 그래서 가장 맛있고 많이 사용되는 산미료도 구연산이다.

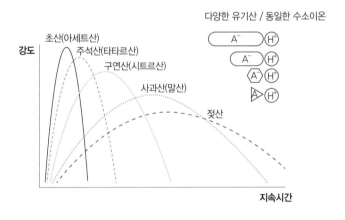

• 유기산 종류별 산미곡선 •

유기산은 수소이온을 내놓을 능력을 가진 카복실기(–COOH)를 가지고 있는 분자이지만 이들이 내놓는 능력은 무기산처럼 강력하지 않다. pH가 낮아질수록 수소이온을 내놓는 능력이 떨어져 일정 수준 이상 pH를 낮추지 못한다. 식초가 대표적인 예이다.

pH = pKa + log(해리된 상태/해리되지 않은 상태)

초산(약산) 해리곡선

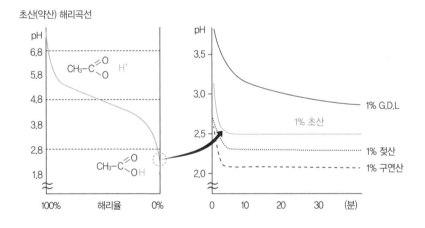

• 초산의 해리곡선과 초산이 약산인 이유 •

강산은 인산, 질산, 황산 염산처럼 pH가 낮아도 해리되는(수소이온을 내놓는) 물질이다. 질산, 황산, 황산은 pH가 마이너스 상태가 되어

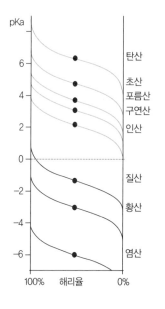

산종류	pKa
탄산	6.37
프로피온산	4.88
소브산	4.76
초산	4.75
벤조산, 숙신산	4.20
아스코브산	4.17
젖산	3.83
구연산	3.13
피루브산	2.49
인산	2.16
옥살산	1.27
질산	−1.4
황산	−3.0
염산	−6.3

• 여러 가지 산성물질의 해리곡선 •

*출처:위키피디아 Acid dissociation constant

도 해리될 정도로 강력하다. 산미료의 특징을 좌우하는 가장 큰 요인이 이 해리상수이다.

약산이 더 신 이유(pH와 산도의 차이)

질산, 염산과 같은 강산성 물질은 농도가 높아질수록 pH가 낮아지지만, 약산성 물질은 일정 농도 이상이 되면 더 이상 수소이온을 내놓지 못하고 결합된 상태를 유지하므로 pH가 더 이상 낮아지지 않는다.

요리의 방점, 경이로운 신맛

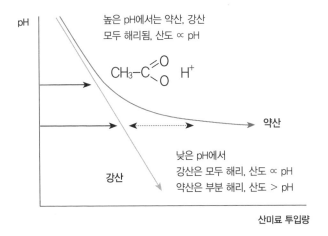

pH

높은 pH에서는 약산, 강산
모두 해리됨, 산도 ∝ pH

$CH_3-C{<}^{O}_{O}$ H^+

약산

강산

낮은 pH에서
강산은 모두 해리, 산도 ∝ pH
약산은 부분 해리, 산도 > pH

산미료 투입량

• 약산과 강산의 특징비교 •

산미료로 작용하지 못하고 잠재적인 상태로 남아 있는 비율이 증가하는 것이다. 예를 들어 염산은 pH가 3이 되건 1이 되건 산을 첨가하는 양에 따라 pH가 낮아지지만 식초의 경우 pH가 낮아질수록 식초를 첨가에 따라 pH가 낮아지는 속도가 감소하다가 어느 수준부터는 아무리 많이 넣어도 더 이상 pH가 낮아지지 않는다. 따라서 이들 약산은 pH로 표시된 것보다 많은 양의 산이 존재할 수 있다. 그러니 강산보다 약산이 동일한 pH에서 훨씬 신맛이 날 수 있는 확률이 높은 것이다.

그런 경우 중화반응에 의해 산의 함량을 측정하는 산도와 해리되어 있는 수소이온의 농도를 측정하는 pH와 차이가 발생한다. pH보다 산도를 측정하는 것이 훨씬 산성물질의 양을 정확하게 측정할 수 있지만 pH 측정이 훨씬 간편하므로 많이 사용한다.

산미료의 기능은 생각보다 복잡하다. 식품에서 산미료를 사용하면 단순히 신맛만 증가하는 것이 아니라 풍미도 살아나고, 미생물(부패균)의 증식은 억제되어 보존성이 좋아진다. 그리고 킬레이팅 기능을 통해 금속염을 붙잡아 항산화 효과를 높이고 갈변을 억제한다. pH를 완충하여 조건에 따른 pH의 변화를 적게 하여, 반죽 팽창제가 잘 작용하도록 한다. 그리고 결정적으로 유기물 용해도 변화시킨다. 대부분 유기물의 용해도를 떨어뜨리는데 단백질은 등전점에서 응집이 일어나 침전이 발생하기도 한다. 그래서 제품 배합을 할 때는 배합물을 완전히 녹인 후 나중에 산을 첨가하는 것이 일반적이다. 이런 산 응고 특성을 이용하여 치즈를 만들거나 단백질을 분리해 내기도 한다. 산미료를 공부할 이유가 충분한 것이다.

Part

II

영양과 기본이 되는 미네랄산 (inorganic acid)

1
식물의 필수영양분이 되는 무기산

1. 식물에게 미네랄이 되는 무기산(inorganic acid, mineral acid)

산미료의 개괄적인 이야기를 했으니 이제 산미료 별로 특성을 이야기 할 순서인데, 산미료 중에 염산, 질산, 황산, 인산 같은 무기산을 먼저 설명하고자 한다. 식품에 주로 사용하는 산미료는 구연산, 젖산, 사과산, 초산 같은 탄소를 중심으로 만들어진 유기산(orgainc acid)인데, 무기산(inorganic acid, mineral acid) 중에 염산(HCl), 황산(H_2SO_4), 질산(HNO_3), 인산(H_3PO_4), 탄산은 식물 또는 식품과 상당히 깊은 관계가 있다.

무기산	pKa
규산	9.9
탄산	6.35
인산	2.22
질산	−1.4
황산	−3.0
염산	−6.3

• 무기산의 종류와 해리상수 •

염산, 질산, 황산은 워낙 강산성 물질이라 부식성이 강하고, 가끔 황산테러와 같이 좋지 않는 일로 언론에 등장하여 나쁜 물질로 생각하지만 이들은 현대 화학 산업의 기초가 되는 원료이자, 식물에게 가장 많이 필요한 영양분이기도 하다. 식물은 입도 소화기관도 없어 유기물을 먹지 않는다. 가장 중요한 영양분은 이산화탄소와 물이며 이것을 원료로 광합성을 통해 포도당을 만들고, 포도당으로부터 모든 탄수화물과 지방과 유기산을 만든다. 아미노산을 만들기 위해 질소는 질산(NO_3)이나 암모니아로 황은 황산(SO_4)의 형태로 흡수한다. DNA와 ATP등에 필요한 인(P)도 인산(PO_4)의 형태로 흡수한다.

질산, 황산은 강산이라 그것을 직접 섭취하면 큰 문제가 될 것이라고 생각하지만 중요한 것은 농도이지 종류가 아니다. 유기산도 순도가 높은 빙초산을 직접 먹으면 화상을 입고 큰 피해를 보지만 희석한 식초는 전혀 문제가 없는 것처럼 무기산을 희석하면 전혀 문제가 없

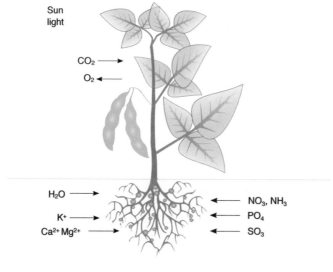

• 식물의 영양 성분 •

다. 태풍은 바람이 세게 부는 것이고 산들바람은 바람이 약하게 부는 것이지 바람을 구성하는 물질이 달라진 것이 아닌 것처럼 산성의 물질도 그 양에 따라 위험하거나 안전한 것이지 분자 자체에 독성이 있는 것은 전혀 아니다. 무기산은 식물의 미네랄이 되기도 하고 땅의 암석(mineral)이 되기도 하는 물질이다. 규산(硅酸, silicic acid) 또는 이산화규소가 토양의 절반이상을 차지하고 탄산, 질산, 인산, 황산도 암석의 구성 성분이 된다.

염산은 식물에게 필요한 미네랄은 아니지만 위에서 미생물을 살균하고, 단백질을 소화할 수 있는 형태로 만들고, 칼슘을 흡수할 수 있는 이온형태로 만드는데 필수적인 산미료이다. 위산이 저농도의 염산

요리의 방점, 경이로운 신맛

이다.

그리고 무기산은 산업적으로 정말 많은 양이 만들어진다. 예를 들어 황산은 세계적으로 연간 2억 톤이 넘게 생산된다. 우리 주변에 넘치는 그 많은 종류의 플라스틱 총 생산량이 5억 톤 인 것에 비하면 이름마저 생소한 황산 단일 품목이 2억 톤이 생산된다는 것은 놀라운 양이다. 그리고 질산도 6천만 톤, 인산은 3천8백만 톤, 염산은 2천만 톤이 넘게 생산된다. 이런 무기산은 여러 목적으로 사용되지만 가장 대표적인 용도는 바로 비료의 생산이다. 유기산의 종류는 정말 많지만 식품에 사용되는 것은 초산(아세트산)과 구연산 2가지가 주종인데 구연산의 생산량이 2007년 기준으로 160만 톤 정도로 염산의 1/10, 황산의 1/100에 불과하다. 무기산은 화학 산업, 소재 산업, 비료 산업 등에서 없어서는 안 되는 필수 원료인데 우리는 무기산의 고마움을 전혀모른다. 그래서 유기산에 앞서 무기산에 대해 먼저 소개하고자 하는것이다.

전 세계 무기산의 생산량(출처: 위키피디아)

종류	생산량(톤, 년간)
황산	200,000,000
질산	60,000,000
인산	38,000,000
염산	20,000,000

식물에게 가장 많이 필요한 영양분인 질산

염산, 황산, 질산 중에 일상에서 가장 접하기 힘든 것이 질산이다. 질산은 일상에서 딱히 쓸 일이 없고 폭약의 원료가 될 수 있기 때문에 유통을 제한된다. 질산은 강한 산이기는 하지만 황산보다는 약하여 황산과 반응할 경우에는 알칼리처럼 작용하기도 한다. 그런데 질산(NO_3)과 암모니아(NH_3)와 결합해 만든 질산암모늄(NH_4NO_3)은 농업 역사상 최고의 발명품으로 꼽히는 질소 비료이다. 땅에는 식물이 단백질을 만드는데 필요한 질소원이 부족하기 때문에 많은 양의 질소비료가 사용된다. 우리가 먹는 고기의 기원을 추적하면 결국 이 질소와 만나게 되는 것이다.

질산은 폭약의 원료도 된다. 질산(NO_3) 분자 자체에 질소 1개에 산소 3개라는 과량의 산소가 있어서 외부의 산소 공급이 없이도 자체적으로 순식간에 폭발적으로 기체로 분해될 수 있다. 액체가 기체가 되면서 1000배 이상 부피가 팽창하여 강력한 폭발력을 만든다. 1995년 오클라호마시 연방정부 건물에 대한 테러 공격에서 이런 비료 폭탄이 사용되었다. 그래서 질산암모늄과 같은 질소 비료의 유통을 제한하는 국가도 많다. 그런데 작년 레바논의 수도 베이루트 항구에서 5,000여명의 사상자를 낸 대폭발 참사가 일어났다. 항구의 창고에 저장된 2,750톤의 질산암모늄이 폭발한 것이다. 이것은 히로시마 원자폭탄의 10~20%에 해당하는 엄청난 것으로 시민 25만~30만명이 돌아갈 집을 잃었다고 한다. 질산암모늄 같은 질소 비료를 통해 인류가 생산하는 식량의 절반 정도가 추가적으로 생산이 가능했는데, 그 양은 베이루트에 참사를 일으킨 2,750톤의 4만배나 많은 양이다. 그렇게 유용한 비료가 잘못된 보관과 관리 때문에 대참사의 원인이 된 것이다.

유기물에 질산을 결합시키면 화약이 된다. 톨루엔과 질산화반응으로 트리니트로톨루엔(일명 TNT)을 만들며, 글리세린과 반응시켜 니트로글리세린(다이나마이트)를 만든다. 그리고 면화(셀룰로스)와 반응시켜 니트로셀룰로스를 만들기도 했다. 과거에 흔히 초석이라고 했던 흑색화약의 재료가 질산칼륨염이다. 그리고 동시에 비료로도 사용되었다. 위험성이나 효능은 물질에 자체에 있지 않고 사용 방법에 있는 것이다.

질산은 암모니아로부터 만들 수 있다

질산은 암모니아만 있으면 쉽게 만들 수 있다. 백금망 촉매와 산소를 사용해서 암모니아 기체를 계속 산화시켜서 질산을 만드는 것이다.

먼저 암모니아를 산화시켜 산화질소(NO)를 만든다.

$$4NH_3 + 5O_2 \rightarrow 4NO + 6H_2O$$

산화질소는 다시 산소와 반응시켜 아질산(NO₂)을 만든다.

$$2NO + O_2 \rightarrow 2NO_2$$

아질산을 물에 흡수시켜 질산과 산화질소를 만든다.

$$3NO_2 + H_2O \rightarrow 2HNO_3 + NO$$

산화질소는 다시 산소와 반응시켜 질산을 만든다.

$$4NO_2 + O_2 + 2H_2O \rightarrow 4HNO_3$$

질산은 증류하면 68% 수용액을 만들 수 있는데, 황산으로 수분을 제거하면 98% 짜리도 만들 수 있다. 이렇게 암모니아를 질산을 만드는 과정보다는 공기 중의 질소(N_2)를 이용하여 암모니아를 만드는 것이 훨씬 어려운 과정이었다.

암모니아를 만들기가 쉽지 않다

질소(N_2)는 우리 주변에 정말 많다. 공기의 78퍼센트가 질소다. 그런데 질소는 대부분의 생명체에게 아무 쓸모가 없다. 질소 원자 사이의 결합이 삼중결합($N \equiv N$)으로 너무나 강력해서 생명체가 풀어서 쓸 수 없기 때문이다. 암모니아(NH_3)와 같은 질소화합물로 바뀌어야 생명체가 쓸 수가 있다. 질소($N \equiv N$)를 암모니아로 전환하는 것을 질소고정이라 한다. 공기 중의 질소분자는 그 결합이 너무 강해서 결합을 분해하려면 특별한 장치와 많은 에너지가 필요하다. 자연에서 그 정도의 에너지를 가진 것은 번개 정도다.

생명체 중에서는 극히 일부는 특별한 환경에서 특별한 효소를 이용해 질소를 고정할 수 있다. 바로 질소고정 효소nitrogenase다. 질소 고정을 위해서는 먼저 효소의 작용기에 질소 분자가 강하게 결합하여야 한다. 질소 원자(N) 1개당 3개의 수소 원자(H)가 결합해 암모니아

요리의 방점, 경이로운 신맛

(NH_3)가 된다. 질소 1분자에서 암모니아 2분자를 생산하는데 16개의 물 분자와 16개의 ATP를 소비한다. 정말 많은 양의 ATP가 소비되는 것이다. 그리고 에너지 문제보다 더 중요한 것은 산소의 제거이다.

질소고정 효소는 작용기는 철과 몰리브덴 또는 바나듐을 포함한 매우 복잡한 미네랄 복합체를 가지고 있다. 문제는 이 복합체가 질소보다 산소와 훨씬 더 빠르고 강력하게 결합한다는 것이다. 산소가 효소와 결합하고 나면 질소가 결합할 자리가 없어져 질소고정 효소가 본래 목적대로 작동할 수 없다. 그러니 질소고정을 하려면 반드시 주변의 산소를 제거해야 한다. 콩과 식물은 그 목적으로 레그헤모글로빈 leghemoglobin이라는 분자를 사용 한다. 레그헤모글로빈은 미오글로빈과 유사한 형태인데 산소와 결합력이 헤모글로빈보다 10배 정도 높다.

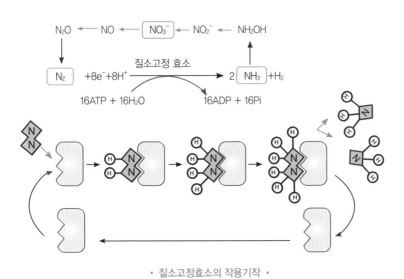

• 질소고정효소의 작용기작 •

그래서 산소를 잘 제거해준다. 질소의 고정에 많은 양의 ATP가 필요한데, 많은 양의 ATP를 생산하려면 산소가 있어야 하고, 산소는 질소의 고정을 방해한다. 이런 상반된 요구를 하나의 세포에서 동시에 만족시킬 수 없기 때문에 질소고정을 할 수 있는 생명체가 그렇게 드문 것이다.

이런 질소고정이 인간도 가능해진 것은 20세기 초, 독일의 두 과학자 하버와 보슈의 노력 덕분이다. 1905년 독일 화학자 프리츠 하버Fritz Haber는 암모니아를 인공적으로 합성할 수 있다는 사실을 밝혀냈다. 하지만 질소는 워낙 안정적인 분자라 합성 반응을 효과적으로 일으키려면 적절한 촉매를 찾아야 했다. 촉매 문제를 해결한 과학자가 바로 카를 보슈Carl Bosch다. 그는 무려 2,500여 종의 고체 촉매를 사용해 만 번 이상의 실험을 했고, 결국 성능이 뛰어난 철 화합물 촉매를 발견하였다. 하지만 이 촉매를 사용하여도 암모니아를 합성하려면 섭씨 500도의 고온과 200기압이라는 고압을 견디는 설비가 필요했다. 당시에는 이런 고압의 장치를 만들어 안정적으로 활용하는 것은 정말 쉽지 않는 기술이었다. 하지만 비료와 폭약의 원료로 암모니아와 질산에 대한 필요성이 워낙 강해서 온갖 기술적 난관을 뚫고 끝내 질소고정에 성공하였다. 인류가 공기 중의 질소로부터 암모니아를 생산하는 것은 1910년 말 하루에 18킬로그램을 생산하는 것으로부터 시작하여 현재는 세계적으로 매년 1억 2000만 톤을 생산하기에 이르렀다. 인류가 생산하는 식량의 절반은 이렇게 인류가 인위적으로 고정한 화학비

요리의 방점, 경이로운 신맛

료에 의존한다.

황산의 특징

황산은 화학 산업에서 가장 많이 생산되는 무기산이다. 그래서 각 나라의 황산 생산량이 그 나라 화학 산업의 규모를 나타내기도 한다. 황산은 흡습성이 강해 황산과 반응하지 않는 물질의 수분을 빼앗는 용도로 사용할 수 있다. 또 고온의 진한 황산은 산화력이 강해 구리나 은 등을 산화시킨다. 보통 98%의 황산을 포함하는 용액을 진한 황산이라 하는데, 이를 희석할 때는 각별한 주의가 필요하다. 황산은 매우 강한 산이기 때문에 진한 황산에 물을 부으면 굉장한 열이 발생한다. 따라서 묽은 황산을 만들 때에는 물에 진한 황산을 조금씩 가하는 방법을 사용해야 한다.

황은 다른 미네랄과 달리 매우 순도 높은 무기황(S) 형태로 존재하는 광산이 있다. 그래서 가장 자렴하게 강산을 만들 수 있는데, 황을 채취하여 단계별로 산화시켜 황산을 만든다. 먼저 황(S)을 산화시켜서 이산화황(SO_2)을 만들고 이산화황을 다시 산화시켜서 삼산화황(SO_3)을 만든다. 삼산화황을 물(H_2O)에 반응시키면 황산(H_2SO_4)이 된다.

$$S + O_2 \rightarrow SO_2$$

$$2SO_2 + O_2 \rightarrow 2SO_3$$

$$SO_3 + H_2O \rightarrow H_2SO_4$$

황산의 용도

황산은 화학 공업의 꽃이라고 할 정도로 산업적으로 중요한 물질이라고 한다. 황산이 없으면 도금이란 산업 자체가 성립되지 못하며, 금속의 부식 예방 및 습기 제거 용도로 많이 쓰이고, 유기물 합성에도 빠지지 않고 등장하며, 납축전지에도 들어간다. 우리가 강산으로 많이 알고 있는 황산은 사실 묽은 황산이다. 그런데 묽은 황산이 더 위험할 수 있다. '진한 황산'은 황산 함량이 90% 이상(96~98%)으로 물 분자가 부족하여 대부분 이온화 되지 않은 상태이다. 해리된 수소이온이 없어 산성을 나타내지 못한다. 진한 황산은 점조성이 있어 끈적거리며 밀도가 높아 매우 무겁다. 진한 황산은 물이 크게 부족하여 산성을 띄지 못하고 탈수력이 매우 높은 상태이다. 탄수화물 같이 분자와 만나면 그 분자에서 수소와 산소를 빼내 물을 합성하고 스스로 이온화된다. 유튜브에서 설탕에 황산을 첨가하는 실험을 찾아보면 진한 황산의 탈수력이 얼마내 대단한지 알 수있다. 이런 성질 때문에 진한 황산은 실험실에서 데시케이터(건조기)의 제습제로 쓰인다. 또한 유기 합성 과정에서도 탈수반응을 위해 진한 황산이나 가열한 묽은 황산을 사용하는 일이 많다.

황산과 과산화수소를 3:1~7:1 비율로 섞은 액체를 '피라냐 용액

요리의 방점, 경이로운 신맛

(Piranha solution)'이라고 하는데 아주 강력한 산화력을 지니고 있어서 유기물을 세척하거나 물질에 하이드록시기(−OH)를 붙여서 친수성 코팅을 하는 목적으로 쓴다. 농업에서는 씨앗이 지나치게 단단하거나, 왁스층 때문에 물이 침투하기 어려울 때, 그것을 벗기기 위해 황산으로 처리하기도 한다. 종이를 황산으로 처리하면 셀룰로스(포도당)에서 분자내 탈수가 일어나 포도당이 지방분자처럼 성질이 변해 유산지가 된다. 발수성이 뛰어나 물에 젖지 않기 때문에 포장지용으로 널리 쓰인다.

하지만 황산의 가장 큰 용도는 인산을 만드는 것이다. 플루오르 인회석($Ca5F(PO_4)_3$)에 93% 황산과 물을 처리하면 황산칼슘과 인산(H_3PO_4)이 만들어진다. 매년 1억 톤의 인회석이 이런 공정으로 처리된다.

· 황산의 시장규모와 용도 ·

* 출처 : http://www.essentialchemicalindustry.org

$$Ca5F(PO_4)_3 + 5H_2SO_4 + 10H_2O \rightarrow 5CaSO_4 - 2H_2O + HF + 3H_3PO_4$$

인산이 만들어지면 여기에 칼슘이나 암모니아를 결합시켜 비료를 만든다. 그리고 황산은 황산암모늄 형태의 비료로 만들기도 한다. 황산은 50%가 인산비료에 6%는 인산염제조에 그리고 다양한 화학 산업용 소재로 쓰인다. 세제, 합성수지, 염료, 제약, 촉매, 제충제, 부동액, 오일의 처리, 알루미늄의 환원, 종이 가공, 물 처리, 제지산업 등에 사용된다.

아황산의 활용

식품에는 황산을 직접 사용하는 경우는 거의 없고 소량의 아황산을 사용하는 경우가 있다. 바로 와인을 만들 때이다. 사실 아황산은 인간과 동식물 그리고 미생물의 대사에서도 만들어진다. 황을 가진 아미노산으로 메치오닌, 시스테인이 있는데 시스테인이 비효소적으로 산화되어 아황산이 생성되기도 한다. 성인의 소변으로 하루 1.5~2.5g의 황산염이 배출되는데 대부분이 미토콘드리아에 존재하는 설파이트산화효소에 의해서 생성된 것이다. 황산염은 안전한 형태이고 선천적으로 설파이트산화효소가 부족한 사람은 황산염 대신에 다른 황 화합물이 증가하여 신경장애를 일으키기도 한다.

식물과 미생물은 황산염을 흡수하여 시스테인과 메티오닌을 합성하려면 먼저 황산염(SO_4)을 황(S)으로 바꾸어야 하는데, 그 중간과정에서 아황산도 만들어진다. 와인의 발효를 담당하는 효모도 종류에 따

요리의 방점, 경이로운 신맛

라 발효기간 동안 10ppm 정도의 아황산을 배출한다.

이런 아황산을 아황산칼륨과 같은 형태로 별도로 추가하기도 하는데, 식품에 아황산을 첨가하면 아래와 같은 효과가 있다.

- 색깔이 있는 물질을 분해하여 희고 밝게 하는 표백효과가 있다.
- 공기 중의 산소에 의해 변질되는 현상을 막는 항산화작용을 나타난다.
- 과일이나 채소를 말릴 때 일어나는 갈변현상을 억제한다.
- 미생물이 번식하지 못하도록 막는다.
- 잡균의 번식을 억제하여 포도주의 향미를 개선한다.
- 빵이나 과자 반죽의 질감을 좋게 한다.

이처럼 아황산은 항산화제로서 산화방지, 살균작용, 갈변 방지 등의 작용을 하기 때문에 아주 옛날부터 사용되었다. 17세기 네덜란드에서 빈 오크통을 황을 태워서 나오는 가스로 소독했는데, 가스가 오크통이나 와인의 오염을 방지했다. 그 이후 아황산은 좋은 와인을 만드는데 중요한 원료가 되었다. 포도를 수확해서 으깬 다음부터 아황산을 첨가하기도 하는데, 아황산은 이스트가 발효작용을 쉽게 할 수

SO_2	이산화황(Sulfur dioxide), 가스
$SO_2 + H_2O = H_2SO_3$	아황산(Sulfurous acid) 혹은 아황산(Sulfite)
$H_2SO_3 = H^+ + HSO_3^-$	중아황산 이온(Bisulfite ion)
$HSO_3^- = H^+ + SO_3^{2-}$	아황산 이온(Sulfite ion)

있도록 잡균을 먼저 제거하기 위해서이며, 술이 완성된 다음에는 보관 중 오염을 방지하기 위해서 조금씩 사용한다.

아황산을 투입하고 시간이 지나면 유리 아황산의 양이 줄어든다. 다른 분자와 결합하거나 산화되어 황산염이 되기 때문이다. 와인에는 주로 메타중아황산칼륨($K_2S_2O_5$) 형태로 첨가하는데, 총 아황산의 농도를 350ppm 이하로 규제하고 있고 실제로는 최소 필요량만 넣고 있다.

아황산은 항산화제로 작용한다. 아황산은 산화효소인 폴리페놀산화효소(Polyphenol oxidase)의 작용을 방해하거나, 산소나 과산화수소와 같은 산소 유도체와 직접 반응하여 산화를 방지하거나 최소화한다. 와인의 페놀화합물 대신에 자신이 산화되어 맛이나 건강에 영향이 없는 불활성 황산염이 된다. 또, 아황산은 비효소적인 갈변반응(Maillard)을 억제시켜 갈변을 방지하며, 안토시아닌 색소와 일시적으로 결합하여 무색의 화합물을 만들기 때문에, 안토시아닌이 다른 폴리페놀과 결합하여 폴리머를 형성하는 것을 방해함으로서 색소의 변질과 감소를 방지한다.

아황산은 향미의 개선하는 작용도 한다. 아세트알데히드는 알코올 발효의 부산물로서 생성되거나, 저장 중 공기와 접촉하여 비효소적 알코올 산화로 소량 생성되거나, 대부분은 공기가 있는 상태에서 미생물에 의한 산화로 생성된다. 아황산은 이렇게 생성된 아세트알데히드와 반응하여 안정된 황 화합물(Hydroxysulfonate)로 만들어, 와인 맛을 개선하고 신선도, 풍미를 유지시킨다. 즉 생동감을 준다. 그러나

요리의 방점, 경이로운 신맛

고농도의 아황산은 와인의 관능적인 특성에 직접적으로 영향을 끼쳐, 와인에 금속성 느낌을 주며, 과량일 경우는 자극적인 냄새를 풍기므로 주의해야 한다. 아황산은 와인의 품질과 수명에 매우 중요한 영향을 끼친다고 할 수 있다.

아황산은 항균작용도 한다. 분자 상태의 이산화황(SO_2)은 효모를 비롯한 미생물의 효소 시스템에 강한 방해 작용을 한다. 즉 단백질의 S-S 결합과 반응하고, 핵산, 지방과도 반응을 하며, 티아민(Thiamine)을 파괴한다. 다양한 미생물을 억제하지만, 발효 중인 효모는 아황산에 내성이 있다. 알코올 발효 중에 생성되는 아세트알데히드와 아황산이 신속하게 결합하기 때문이다. 휴면 상태의 효모는 활동 중인 효모보다 내성이 약하기 때문에 포도껍질이나 양조장에 있는 야생 효모를 선별적으로 제거할 수 있다. 내추럴 와인은 배양효모 대신 포도에 자연적으로 존재하는 효소를 이용하려 하므로 아황산의 사용을 배제한다.

세균은 효모보다 아황산에 훨씬 내성이 약하다. 효모는 이산화황에만 민감하지만, 세균은 염의 형태에도 민감하다. 대개의 초산균은 아황산 50ppm 안팎의 농도에서 활동을 할 수 없으며, 젖산균은 10~50ppm 농도에서 제약을 받는다. 아황산을 사용하지 않은 내추럴와인은 세균(Brettanomyces)이 증식하여 특유의 냄새를 내기도 한다. 아황산은 H_2SO_3 형태로 존재할 때 항균력이 강하다. 다른 형태의 아황산은 세포막을 통과할 수 없지만 이 형태는 세포막을 통과할 수 있기 때문이다. pH가 낮을수록 더 많은 양이 해리되지 않은 상태로 존재하기 때문에 극성이 없어서 세포막을 잘 통과한다. 같은 양의 아황산 농도라도 pH가 3.2인 와인에 넣는 경우가 pH 3.6인 와인에 넣는 경우보다 훨씬 항균력이 강한 이유이다.

4. 인산(Phosphoric Acid)

가공식품에는 구연산 다음으로 인산이 많이 쓰인다. 인산은 포도를 포함한 일부 과일에 인산염 형태로 자연적으로 존재하기는 하지만 식품에 사용되는 것은 대부분 콜라의 제조에 쓰인다. 인산은 우리 몸에 가장 다양한 역할을 하는 미네랄의 하나이지만 맛이 독특하기 때문이다. 자극적인 산미와 드라이하고 때로 발사믹한 풍미가 콜라와 잘 어울린다. 순수한 인산은 무색의 결정성 고체 (녹는 온도 42.35℃)이지만 주로 시럽형태의 액상으로 사용한다. 75%, 80%, 90% 농도로 판매되는데 50% 이상이 되면 시럽상태가 된다.

생명체 안에서 인(P)은 거의 인산염(PO_4)의 형태로 존재한다. 인산(H_3PO_4)은 수소가 세 개가 붙어 있어 pKa값이 3개이고 pH 4~10 범위에서 작용한다. 특히 $H_2PO_4^{-1}$과 HPO_4^{-2}가 pH 6~8 영역이라 세포 안의 완충 용액의 역할을 한다.

인산은 생명체에 가장 중요한 미네랄인데, 자연환경에서 구하기 쉽

요리의 방점, 경이로운 신맛

• ATP의 분자구조 •

지 않는 미네랄이다. 그래서 하수에 인산이 다량 유입되면 조류 등 미생물이 급격히 자라 부영양화가 일어나기도 한다. 이러한 상황에서는 산화칼슘을 넣어 인산을 침전시키기도 한다. 칼슘은 여러 가지 음이온을 붙잡는 능력이 뛰어나기 때문이다. 우리의 뼈도 칼슘과 인산이 결합한 형태다.

인(P)은 미네랄의 여왕이다

인은 ATP, DNA, RNA, 뼈의 구성성분이며, 우리 몸에 가장 다양한 기능을 하는 미네랄로 우리 몸에 2번째로 많이 존재하는 미네랄이다. 흔히들 뼈는 칼슘으로 되어있다고 생각하지만, 실제 뼈는 칼슘과 인이 결합한 인회석(Hydroxypatite) 상태이다. 체내 칼슘의 99% 뼈에 인회석 상태로 있고 1%만 녹아서 활용되지만, 인은 80%만 뼈에 보관되고 20%는 다양한 형태로 활용되고 있다. 실제 인체안의 살림꾼은 인(P)인 셈이다

인의 대표적인 역할이 ATP를 구성하는 인이다. ATP는 매일 자신의 체중만큼 사용될 정도로 인체에서 가장 근본적인 에너지원이다. 우리가 ATP를 식사를 통하여 보충한다면 매일 60kg의 ATP를 먹느라고 다른 일은 하기 힘들 것이다. ATP의 인(P)은 소모되지 않고 AMP ↔ ADP ↔ ATP의 전환을 통해 계속 소비되고 재생되는 것이라 실제 하루에 섭취해야 할 양이 1g도 되지 않아 정말 다행인 셈이다.

모든 세포에는 핵이 있고, 핵 속에는 두께는 불과 2nm에 불과하지만 길이는 무려 2m나 되는 DNA가 들어 있다. 이 DNA의 뼈대가 인이다. 우리 몸속에 30조의 세포가 있으니 60,000,000,000km 길이(지구둘레를 150만번 감을 만한 길이)의 인산 사슬(DNA)이 들어 있는 셈이다. 그리고 모든 세포를 감싸고 있는 세포막은 인지질이다. 인이 없으면 세포막이 만들어지지 않고, 세포막이 없으면 물질들이 멋대로 세포를 들어오고 빠져나가 세포가 존재할 수 없다. 포도당을 분해하여 ATP를 얻는 과정에서도 끊임없이 인을 붙였다 떼었다 해야 정상적인 대사가 이루어지고, 많은 효소가 인산화—탈인산화에 관여한다. 심지어 인은 혈액의 pH를 일정하게 유지하는 역할도 한다.

인(인산, 인산염)은 첨가물로도 다양한 기능을 한다. 여러 가지 형태의 인산염이 존재하고 그 기능도 다양하다. 그래서 식품을 전공하는

요리의 방점, 경이로운 신맛

사람도 인산염의 기능을 잘 모르는 경우가 많다. 흔히 알려진 인산염의 용도가 콜라의 산미료(인산), pH조정제(인산염), 케이킹억제제, 팽창제, 안정제, 유화제, 산화억제제 등이다. 식품첨가물로 많이 사용되지만 인은 피트산등의 형태 등으로 천연물에 많아 우리가 섭취하는 인의 90% 이상이 천연식품을 통한 것이라고 한다.

칼슘은 단백질을 수축하는 역할을 한다면 인산은 단백질을 이완하는 역할을 한다. 그래서 새우나 오징어에 인산을 처리하여 부피를 늘린 사례도 있다. 인산염을 이용해 품질을 속이는 것은 나쁘지만 워낙 적은 양만 제품에 흡수되어 건강상에는 문제가 있는 것은 아니다. EU에서는 되네르케밥에 사용되는 인산염을 문제를 삼은 적이 있는데, 인산염을 빼면 조금만 시간이 흘러도 고기가 말라 오래된 것처럼 보이고, 촉촉함이 없어져 식감이 떨어진다. 미량의 인산이 단백질에 그렇게 큰 영향을 주는 것은 인은 단백질이 풀리게 하기 때문이다. 단백질이 풀리면 더 넓은 공간을 차지에 수분을 흡수하는 힘이 늘어나고, 수분이 늘면 탱탱해진다. 고기의 사후강직 및 ATP나 인산염에 의한 보수력 향상 등이 이런 원리를 이용한 것이다. 인은 흡수가 잘 되기 때문에 결핍증을 겪는 경우는 별로 없다. 그래서 인의 소중함이 간과되기 쉽다. 흔히 말하는 인의 부작용이 칼슘의 흡수를 저하시킨다는 것이다. 하지만 정확히 말하자면 칼슘이 인을 붙잡아 흡수를 억제하는 것이지 인이 칼슘을 붙잡아 칼슘의 흡수를 억제하는 것도 아니다. 시금치 등에 많은 옥살산은 건강에 좋지 않는 것이라 가급적 흡수가 되지 않은 것이 좋다고 하는데 이 때 칼슘이 많은 식품을 같이 먹으면 옥살산과 칼슘이 결합하여 둘 다 흡수가 억제된다. 칼슘이 풍부한 유제품의 장점에는 지방 등 과잉의 영양분의 흡수를 억제한다는데도 있다.

5. 암석과 땅이 되는 무기산(mineral acid)

무기산은 식물에게 미네랄(mineral)이 되지만 식물이 살아가는 토양도 된다. 흙 또는 토양(土壤)은 암석(mineral)이나 동식물의 유해가 오랜 기간 침식과 풍화를 거쳐 생성된 땅을 구성하는 물질이다. 이런

땅 표면의 성분

원소	함량(%)
O 산소	47
Si 규소	28
Al 알루미늄	7.9
Fe 철	4.5
Ca 칼슘	3.5
Na 나트륨	2.5
K 칼륨	2.5
Mg 마그네슘	2.2
Ti 티타늄	0.46
H 수소	0.22
C 탄소	0.19

땅이나 암석을 구성하는 성분도 산 또는 산화물이다. 지각의 성분을 보면 압도적으로 많은 것이 산소와 규소이다. 암석에는 이산화규소(SiO_2)의 형태가 압도적으로 많은 이유이며, 그 밖에 알루미늄(Al_2O_3), 철(FeO), 칼슘(CaO), 나트륨(Na_2O), 칼륨(K_2O), 마그네슘(MgO)도 산화물의 형태로 존재한다.

규소는 규산(硅酸, silicic acid) 규산염(SiO_4^{4-})의 형태로 1300종의 광물을 만들고 탄소는 탄산의 형태로 $MgCO_3$, $CaCO_3$, $FeCO_3$의 암석을 만든다. 질소는 질산의 형태로 KNO_3, $NaNO_3$를 만든다. 인은 인산의 형태로 인회석($Ca_3(PO_4)_3$)을 황은 황산의 형태로 경석고($CaSO_4$)와 같은 암석을 만든다. 동물은 식물에 의존하여 살고, 식물은 땅에 의존하여 사는데, 이들은 모두 산(무기산)에 의해 연결된 셈이다.

그리고 바다에서 온 산이 있는데 바로 염산(HCl)이다. 염산은 수소와 염소로 구성되었는데 바다에 압도적으로 많은 것이 염소와 나트륨이다. 염소와 나트륨이 결합한 것이 염화나트륨 즉 소금이고 소금을 이용하여 염산과 수산화나트륨을 만들 수 있고, 염산을 수산화나트륨으로 중화하면 물과 소금이 된다. 이런 기작은 우리 몸 안에서 일어나는데 위산이 염산이고, 염산의 도움으로 여러 생리적인 기능이 일어난다. 그리고 위를 벗어나면 우리 몸은 알칼리를 만들어 중화시킨다.

소금 : 염산(HCl)과
수산화나트륨(NaOH)

2

소금을 분해하면

염산의 제조법으로 소금(염화나트륨) 수용액을 전기분해하여 수소와 염소를 생성한 다음 수소 가스와 염소를 반응시키는 타일러식 합성법이 있다. 석영 유리제 연소관에서 과잉의 수소 가스와 염소 가스를 연소시키면 발열 반응에 의해 온도는 1000℃ 이상으로 올라가는데 이것을 냉각하여 물로 용해 흡수시켜 염산을 만든다. 염화수소(HCl)는 기체 상태이고 염산(HCl)은 액체 상태이다.

$$H_2 + Cl_2 \rightarrow 2HCl.$$

염산을 산업용으로 대량 생산할 때는 만하임 공법을 사용하는데 소금과 저렴한 황산을 반응시켜서 염산을 만드는 방법이다.

$$2NaCl + H_2SO_4 \rightarrow Na_2SO_4(\text{황산나트륨}) + 2HCl$$

염산이 위험한 이유

염산은 염소와 수소로 된 가장 단순한 형태의 산이지만 매우 강산성 물질이고 특유의 자극적인 냄새가 있다. 염산은 화학 산업에 많이 쓰이고, 칼슘염을 잘 녹이기 때문에 배관의 스케일을 제거하는데도 쓰인다. 식품에서는 젤라틴의 생산, 산분해 간장을 만드는데도 쓰인다.

염산은 위험하다는 말을 많이 듣기 때문에 공포감이 많다. 하지만 0.1M의 염산 수용액은 pH가 1 정도이고 이 정도까지는 실수로 먹었더라도 큰 문제가 생기지 않는다. pH 3~4 정도의 염산은 워낙 낮은 농도라 위험하기는 커녕 별로 시지도 않다. 사실 우리 위속의 위산이 염산이고 pH가 2 이하라 토할 때 입이나 목에서 느껴지는 시큼함이 이 염산에 의한 것이라 비슷한 느낌을 가지게 된다. 이보다 10배 강한 1M(약 3.65%, 묽은 염산) 이상부터는 상당히 위험해지기 시작한다. 진한 황산은 37% 정도라 기체만 잘못 마셔도 호흡기에 손상을 줄 정도로 위험하다. 순수한 HCl은 염화수소라고 부르는 푸르스름한 색의 기

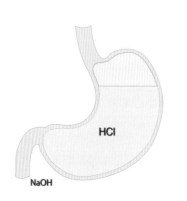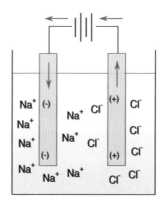

· 위산의 역할 ·

체이다. 주변에 물이 있으면 엄청난 속도로 용해되어 염산 수용액이
된다. 그러니 염산 기체를 많이 마시면 호흡기에 큰 손상을 일으킨다.
다량일 경우 폐부종으로 인해 호흡 곤란으로 사망에 이를 수 있다.

　이처럼 위험해 보이는 염산을 우리의 위는 거침없이 만들어 사용
한다. 염산은 한분자의 수소와 한분자의 염소로 만들어진 가장 간결
한 산이기 때문이다. 위는 위산을 만들어 미생물의 감염을 막고, 단백
질을 풀어서(변성시켜) 소화하기 쉬운 형태로 만든다. 대부분의 균은
위에서 사멸하게 된다. 유산균을 먹어도 대부분은 소용이 없는 이유
가 위에서 사멸되기 때문이다. 하지만 이런 위산의 작용도 완벽한 것
이 아니어서 일부는 살아남아 장으로 간다. 위의 염산 덕분에 실뭉치
처럼 둘둘말린 형태의 단백질을 느슨하게 풀어진다. 풀어진 사슬끼리

　　　　　　　　　　　　　　　요리의 방점, 경이로운 신맛

엉키기 때문에 겉보기에는 굳은 것처럼 보이나 실제로는 효소가 작용하기 쉬운 풀린 형태가 된다. 그리고 pH가 낮아야 단백질 분해효소인 펩신은 펩시노겐 상태에서 분해되어 활성형태가 된다. 이런 역할을 마친 위산(염산)은 소장으로 이동하면서 중탄산나트륨과 같은 분비액에 의해 중화되어 pH가 중성으로 회복된다.

일부 식품을 가공할 때 염산을 사용한다. 과일 통조림을 만들 때 껍질 제거, 콩단백을 분해해 아미노산 간장을 만들 때, 젤라틴을 분해할 때 등이다. 김 양식장에서는 김 외에 파래 등의 다른 잡초를 제거하기 위해 염산을 구해서 뿌렸다가 적발당해서 처벌된 사례가 가끔 있다. 김에 염산을 뿌리면 유독물질이 생성되기 때문에 금지한 것이 아니라, 애초에 염산과 같은 위험 물질은 취급 인가를 받아야 하기 때문이다.

우리나라는 세계 최대 김 수출국이다. 2019년에 5.8억달러를 수출하여 2010년 1.1억달러에 비해 5배 이상 늘었고, 갈수록 해외에서 인기가 높아져 조만간 매년 1조원 이상의 수출이 기대된다. 최근 김의 인기가 급성장한 것은 김이 가지고 있는 강력한 감칠맛과 식품회사의 가공기술 그리고 한류가 절묘하게 결합한 덕분인 것 같다.

식품의 감칠맛 성분은 크게 아미노산 계통의 글루탐산과 핵산 계통의 이노신산과 구아닐산이 있다. 김의 글루탐산 함량은 다시마에게만 밀릴 뿐 고기나 치즈보다 월등히 많고, 이노신산은 고기나 멸치보다는 작지만 일반 식재료보다는 월등히 많다. 더구나 표고버섯이나 대하 정도에나 들어 있는 희소한 감칠맛 재료인 구아닐산도 상당량 들어 있다. 감칠맛은 글루탐산은 단독으로 있을 때보다 핵산계 물질과 같이 있을 때 7~30배 까지도 증폭되는데, 김은 감칠맛의 핵심성분들이 모두 많이 들어 있어서 종합적으로는 최고의 감칠맛 재료인 것이다. 김은 1960년대 초까지 대부분 일본에 수출되어 서민들은 맛보기도 힘들었다. 이런 김을 서양인은 바다에서 나는 잡초 정도로 생각하여 관심이 없었다.

그러다 한류 열풍이 불면서 상황이 바뀌었다. 한국의 방문도 많아지고, 한국인의 먹거리에 대한 관심이 늘고 이미지도 좋아져 외국에서도 건강간식으로 소비하는 사람이 늘고 있다. 외국에서 특히 인기가 높은 것은 고소한 기름과 소금으로 맛을 낸 후 먹기 쉬운 형태로 포장된 조미김이다. 세상에서 가장 질 좋은 한국 김을 적절히 간을 하고 기름을 바른 후 로스팅을 하여 향까지 끌어올렸으니, 사실 김은 잘 구운 스테이크를 얇게 말린 것과 같은 최고의 감칠맛 재료인 것이다. 더구나 최적의 포장기술로 바삭한 식감을 오래 유지하게 하였으니 좋은 식재료와 최고의 가공기술이 만나 세상을 휘어잡을 맛있는 제품이 된 것이다. 그래서 김의 수출액은 이미 인삼보다 많지만 앞으로 더욱 많은 수출이 기대되는 품목이기도 하다.

그런데 이런 한국의 대표 수산물에 어두운 구석이 있다. 바로 김의 활성처리제에 관한 논란이다. 우리는 가끔 일부 김 양식 어민들이 무기산을 불법으로 사용해 단속되었다는 보도를 접하곤 한다. 김을 양식하는 동안 파래, 매생이, 규조류 등이 달라붙어 김의 생장을 방해하

요리의 방점, 경이로운 신맛

거나 병이 발생해 김 품질이 떨어지고 폐사하는 경우가 발생할 수 있는데 염산을 사용하면 이를 가장 효과적으로 막을 수 있다. 그러면 생산성뿐 아니라 색택과 윤기, 바삭함 또한 좋아진다고 한다.

그런데 정부는 염산하면 무작정 두려워하는 여론에 밀려 염산의 사용을 금지하고 유기산을 주성분으로 한 처리제를 사용하도록 하고 있다. 염산을 8~9.5%로 낮추고 유기산인 구연산을 10% 추가한 것이다. 문제는 가격만 비싸지 처리 효과, 사용성, 품질 측면에서 어떠한 장점도 없다는 것이다. 구연산은 맛도 좋고 가격도 저렴하여 식품에서 가장 많이 사용하는 산미료이다. 그런데 염산은 35% 함량의 20 ℓ 제품이 4,000원 정도로, 1kg에 200원도 안 되는 즉 생수보다 저렴한 가격에 공급된다. 현대의 화학기술이 만든 가격의 혁명인 것이다.

이런 염산의 원료는 바닷물의 주성분인 소금이다. 소금물을 전기분해하면 수소와 염소가스가 만들어지는데 이것을 반응시켜 물에 녹이면 염산(HCl)이 된다. 그리고 나머지 반쪽인 나트륨(Na)과 물의 반쪽인 하이드록시가 만나면 수산화나트륨($NaOH$)이 된다.

알고 보면 염산은 세상에서 가장 단순하고 깔끔한 산이자 우리와 가까운 산이다. 우리 몸의 위에서 만든 위산이 바로 염산으로, 매일 1~2L 만들어 단백질을 소화하기 쉬운 형태로 바꾸고, 단백질 분해 효소도 활성화시켜 단백질 대사에 큰 역할을 하고, 미생물도 사멸시켜 질병도 막는다. 염산이 이런 효과를 보이려면 수소이온이 중성에 비해 10만배나 많은 pH 2.0 이하여야 한다. 0.35% 염산은 pH가 1 정도로 위험해지기 시작해, 3.5%면 상당히 위험하며, 35%면 매우 위험하다. 초속 0.3~0.4m의 미풍은 안전하지만, 초속 30~40m의 태풍은 매우 위험한 것과 똑같은 원리다.

그런데 소비자가 불안해한다고 무작정 사용을 금지하는 것은 합리적이지 못하다. 구연산은 약산이다. 성질이 온순하고 부드럽다는 뜻이 아니라 어느 정도 pH가 낮아지면 더 이상 수소이온을 내놓지 못하고 결합한 상태를 유지한다는 뜻이다. 그러니 염산에 비해 효과가 떨어지고 처리 시간도 길어질 수밖에 없다. 4~8배의 비용을 들여 봐야 효과는 적고, 추운 겨울바다에서 훨씬 긴 시간을 노동해야 한다. 염산은 바닷물의 성분 그대로라 잔류물도 없는데 소비자의 인식이 나쁘다는 이유로 무작정 금지하는 것이 소비자 건강이나 환경에 더 도움이 되는 것도 아니다.

김양식도 일종의 농사다. 좁은 지역에 밀집해서 김을 키우기 때문에 농업, 축산업, 양식업과 같이 한 종류의 생물을 한 장소에서 밀집해서 키울 때의 장점과 단점이 동시에 나타난다. 생산성은 좋아지지만 해충이나 질병에 노출될 확률도 크게 증가한다. 그래서 농약과 같은 적절한 처리제가 필요해 진다. 우리는 염산 덕분에 가격 좋고 품질 좋은 김을 먹을 수 있는데, 이 염산에 대해 오해와 불안감이 많다. 하지만 최소한 농약을 사용하는 것보다 염산을 사용하는 것이 우리 몸이나 환경에 훨씬 안전하고 친환경적이다.

우리가 요리에 쓰는 식초의 초산 농도가 4~5% 정도이다. 이정도만 되도 직접 먹으면 너무 시어서 고통스럽고, 초산이 90% 이상인 식초를 희석하지 않고 마시면 식도에 화상을 입는다. 그래서 식약처에서는 99%의 빙초산을 마트 등 일반 소매점, 인터넷 쇼핑몰에서 살 수 없도록 규제를 가하기도 했다.

통상 염산은 35% 정도이므로 빙초산에 비해서는 오히려 낮은 농도이다. 그런 염산이 특별한 힘을 보이는 것은 고농도에서도 수소이온과 염소이온으로 분리가 되는 점에 있다. 초산은 저 농도 즉 높은 pH에서는 수소이온을 잘 내어 놓지만 농도가 높아질수록 수소이온을 내놓는 능력이 떨어진다. 그래서 특정 pH 이하가 되면 아무리 많은 양의 초산을 넣어도 더 이상 pH가 낮아지지 않는다. 이처럼 농도에 높아지면 해리능력이 떨어지는 것을 약산이라고 하고, 아무리 pH가 낮아도 즉 농도가 높아져도 수소이온으로 해리가 되는 것을 강산이고 한다. 성질이 강하고 난폭한 것을 강산, 성질이 부드러운 것을 약산이라 하지 않는 것이다. 사실 소량일 때는 식초보다 염산이 깨끗하고 유순하다.

산을 이용하여 살균을 하거나 단백질을 분해하는 것과 같은 특별한 일을 하려면 매우 고농도의 수소이온이 필요한데 식초나 구연산 같은 유기산은 낮은 pH에서 수소이온을 내놓은 능력이 없어서 한계가 있다. 그래서 염산과 같이 아무리 낮은 pH에서도 수소이온을 내놓은 강산을 이용하는 것이다.

물은 평소에는 안전하지만 초고압으로 분사되는 워터젯은 쇠도 자른다. 염산도 안전한지 위험한지를 결정하는 것은 이름이 아니고 그 농도(강도)이다.

염산의 분해력

흰개미는 떨어진 나뭇잎이나 죽은 나무 셀룰로스만 있으면 먹을 걱정이 없다. 장내 미생물이 다른 생물을 먹지 못하는 셀룰로스를 분해해주고, 질소도 고정해주기 때문이다. 셀룰로스는 매우 강인한 구조이다. 나무가 100미터 넘게 자랄 수 있는 것은 셀룰로스가 그만큼 강하기 때문이며 흰개미가 이런 강인한 구조의 셀룰로스를 분해하려면 특별한 수단이 필요한데 흰개미의 장에서 살아가는 미생물은 강산을 만들어 셀룰로스를 분해한다고 한다. 강산과 강알칼리는 이처럼 여러 가지 물질을 녹이는 훌륭한 용매로 작용하는 것이다.

2. 수산화나트륨(NaOH)- 분해력, 용해(세척력)

대표적인 강산이 염산이라면 수산화나트륨은 대표적인 강염기이다. 수산화나트륨 말고, 수산화칼륨, 수산화칼슘도 있다. 수산화나트륨이나 수산화칼륨처럼 1족 원소 양이온과 OH-가 결합한 물질은 용해도와 이온화도가 높고, 조해성도 있다. 조해성이 있어 공기 중에 방치하면 공기 중의 수분을 흡수하여 녹아버리기 때문에 외부에 노출시

요리의 방점, 경이로운 신맛

켜 보관해서는 안 된다. 용해 중에는 열에너지가 방출되어 매우 뜨거워진다. 수산화나트륨 분말이 묻으면 털어내야지 물로 씻으려하면 곤란하다. 물과 반응하여 강한 알칼리성 물질로 변하여 단백질이나 유기물을 녹여내기 때문이다. 눈이나 입안에 들어가면 퍼부을 정도로 많은 양으로 희석을 하여야 한다.

수산화나트륨의 또 다른 이름은 가성소다, 양잿물이다. 특히 15% 희석액은 업소용 주방기기 세정제로 유통된다. 잿물은 나무를 태운 재에 물을 부어 침전시킨 후 걸러서 얻어지는 물이다. 식물에는 나트륨이 별로 없고 칼륨이 많아 탄산칼륨(K_2CO_3)이 만들어지며 물에서 알칼리성을 띄므로 세탁에 효과가 있다. 바다 식물에는 나트륨이 많아 태우면 탄산나트륨(Na_2CO_3)이 재로 만들어진다. 비누가 나오기 이전에는 예로부터 아궁이나 화로에서 나온 재에서 잿물을 받아 세탁에 사용하였으며 지방과 세탁물의 종류에 따라 짚, 콩깍지, 뽕나무, 잡초 등이 사용되었다. 조선말 개항이후에 가성소다(NaOH)가 우리나라에 들어오면서 잿물 대신 사용되었고, 이를 서양에서 들어온 잿물이라 하여 양잿물이라고 불려졌다.

한지는 닥나무 껍질로 만든 우리의 종이로 예로부터 높은 품질로 명성이 높았다. 한지를 만드는 방법은 닥나무를 채취하여 껍질을 벗기고, 삶고, 씻고, 자르고 두드려서 풀고, 닥풀을 추가하여 한지를 뜨고 말려서 완성한다. 셀룰로스를 풀기위해서는 잿물(알칼리수)이 필수다. 잿물에 4~5시간 삶아야 섬유소의 틈새를 벌어진다. 그래야 나무의 섬유소를 잘 풀 수 있고 좋은 종이가 된다.

수산화나트륨은 화학 산업에서 빠지지 않는 물질이다. 중화나 유기물을 녹이는 용도로 많이 쓰인다. 단백질을 녹이는 성질이 있어서 공장에서 CIP용매로도 사용한다. 염산과 수산화나트륨이 만나면 염화나트륨과 물로 중화가 된다. 산분해간장를 제조할 때도 이 수산화나트륨과 염산의 중화반응을 이용하는데, 탈지대두에 염산을 넣어 가수분해하여 아미노산을 생성시킨 뒤, 수산화나트륨으로 중화시키고 여과하여 만든다.

프레즐을 만들 때 표면에 수산화나트륨을 희석시킨 물을 발라서 색을 낼 수 있다. 탄산수소나트륨(베이킹소다)를 사용하여도 되지만 수산화나트륨은 용해도를 높여 색을 강하게 하는데 효과적이다. 이처럼 산과 알칼리는 식품의 용해도를 바꾸고, 용해도가 바뀌면 수많은 것들이 따라 바뀐다.

Part
III

맛과 에너지 대사를 책임지는
산미료

탄산, 에너지 대사의
시작과 끝

 앞서 무기산을 설명했으니 이제는 유기산을 본격적으로 설명할 순서이다. 그런데 유기산의 종류는 너무 많다. 그래서 에너지 대사에 관여하는 유기산과 나머지 유기산으로 나누어 설명하려고 한다. 우리는 초산, 구연산 같은 산미료만 유기산으로 생각하지만 아미노산과 지방산 그리고 비타민 C와 같은 것도 일종의 유기산이다.

 유기산의 종류는 정말 많지만 산미료로 쓰이는 것은 초산과 구연산 정도이다. 2가지가 압도적으로 많고, 젖산은 구연산의 1/3 수준이다. 단맛은 둔감하여 음료를 만든다면 당류 함량은 10%는 되어야 충분

무기산과 유기산의 종류

분류		생산량(톤, 년간)
무기산	(미네랄산)	질산, 인산, 황산, 염산
유기산	카복실산	Tri- : 구연산 Di- : 숙신산, 푸마르산, 말산, 옥살산 Mono : 초산, 젖산, 프로피온산, 소르브산, 지방산(특히 단쇄지방산)
	방향족	신남산, 벤조산, 살리실산
	락톤산	비타민C, G.D.L
	아미노산	글루탐산, 아스파트산

한 감미를 가지지만 신맛은 단맛보다 훨씬 민감하여 구연산을 0.1% 즉 감미료의 1/100 정도만 사용해도 충분하기 때문이다. 더구나 단맛은 어디에나 어울리지만 신맛은 잘못하면 쉰 맛으로 느껴져 어울리는 제품의 폭이 훨씬 좁기도 하다. 산미료 시장이 작다고 해서 그 가치가 적은 것은 절대 아니다. 특히 생명현상에 있어서는 다른 어떤 성분들보다 가치가 높다.

산미료의 특성비교

	분자량	녹는 온도	신맛강도
아세트산(초산)	60	17	1.00
젖산	90	18	1.36
인산	98	42	0.85
푸마르산	116	300	0.85
말산(사과산)	134	100	0.12
타타르산(주석산)	150	172	1.00
시트르산 (구연산)	192	153	1.22

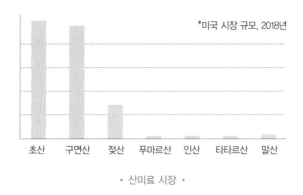

*미국 시장 규모, 2018년

| 초산 | 구연산 | 젖산 | 푸마르산 | 인산 | 타르타르산 | 말산 |

• 산미료 시장 •

에너지 대사는 이산화탄소에서 시작하여 이산화탄소로 끝난다

무기산의 끝이자 유기산의 시작인 탄산 이야기를 시작해보려고 한다. 탄산은 정말 중요한 물질인데, 이해는 없고 오해만 많다. 보통 산소는 좋은 것, 이산화탄소는 나쁜 것이라 생각하지만 그것은 완전한 오해이다. 산소보다는 이산화탄소가 생명에 근본적인 것이다. 생명체를 유기체라고 하고 생명이 만드는 물질을 유기물이고도 하는데 유기물은 사실 탄소를 뼈대로 만들어진 물질이며 그 탄소는 이산화탄소에서 온 것이다.

산소가 아니라 이산화탄소를 바탕으로 우리 몸이 만들어지고 에너지가 만들어진다. 음식을 먹는 주목적은 우리 몸을 작동시키는데 필요한 에너지를 얻는 것이다. 지방이나 포도당 같은 높은 에너지 상태의 유기물을 가장 에너지가 낮은 상태인 이산화탄소로 분해하면서 에너지를 얻는 것이다. 광합성을 통해 이산화탄소로부터 만든 지방이나

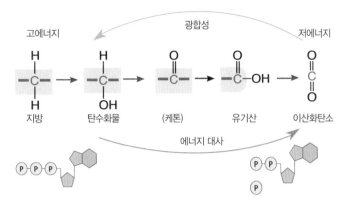

• 에너지의 흐름 •

탄수화물 같은 고에너지의 분자를 다시 이산화탄소의 형태로 돌려주는 순환이 생명의 가장 기본적인 순환인 것이다. 식물에게 가장 중요한 분자가 물과 이산화탄소인데 우리는 이산화탄소의 소중함을 너무 모른다. 그리고 이런 이산화탄소가 물에 녹아 있는 형태인 탄산에 대한 오해도 정말 많다.

탄산음료에 대한 오해

"식혜도 좋고, 과일주스도 좋고, 커피도 괜찮지만 콜라만큼은 몸에 좋지 않으니 마시면 안됩니다?" 요즘에도 마치 콜라에는 몸에 나쁜 특별한 성분이라도 있는 것 인양 유난히 비난하는 사람이 있다. 최근에 만난 어느 분도 콜라 때문에 어머니랑 자주 다툰다는 것이다. 어머니는 콜라 하루에 한 잔 정도는 마셔줘야 속이 개운하다고 고집하여 그것을 말리다 보면 얼굴 붉히는 일이 자주 있다는 것이다. 그리고 언론이나 의사도 유난히 콜라나 탄산음료를 꼬집어 나쁘다고 하는 경우가 많다. 도대체 콜라에는 어떤 나쁜 성분이 있는 것일까?

오랫동안 콜라의 핵심성분은 비밀로 감추어졌고, 색도 검정색이고, 맛도 자연에 없는 맛이라 콜라에는 건강에 나쁜 특별한 성분이라도 들어 있는 것처럼 생각한다. 그런데 120년 전 코카콜라가 개발될 당시에는 그런 류의 제품은 상당히 많았고, 2011년에 코카콜라 최초의 레시피라는 것이 공개되기도 했다. 그 자료에 따르면 기본 배합으로 코카추출액 4온스, 구연산 3온스, 카페인 1온스, 설탕 30리터, 물 2.5 갤런, 라임주스 1쿼터, 바닐라 1온스, 캐러멜이 사용되었다. 그리고 절대비밀이라는 7X의 성분에는 알코올 용매에 오렌지오일 80방울, 레몬오일 120방울, 육두구오일 40방울, 고수오일 20방울, 네롤리오일(등화유) 40방울, 계피오일 40방울이 사용되었다. 나는 이 정보가 신뢰성이 상당히 높다고 생각하는데 콜라를 분석하고 이미테이션해본 결과물과 매우 흡사하기 때문이다.

콜라에 사용되는 색소는 카라멜색소로 천연색소이며, 향료도 라임, 바닐라, 오렌지오일, 레몬오일, 육두구오일, 고수오일, 네롤리오일, 계피오일로 완전 천연이다. 단지 음료의 향으로 향신료를 조합하는 것이 매우 드물고, 조합된 오일의 종류가 많아서 그런 원료가 사용되었는지를 구분해 내지 못했을 뿐이다. 이런 정보를 바탕으로 콜라를 마셔보면 기존과는 다른 느낌을 가질 수도 있다.

요리의 방점, 경이로운 신맛

색소나 향료에 전혀 문제가 있는 것도 아니고 콜라의 당류 함량이 식혜나 과일주스보다 높은 것도 아니다. 대부분의 음료는 설탕이 10~12%가 들어 있는데 콜라에 특별히 설탕이 많이 들어간 것은 아니다. 콜라보다 당류 함량이 높은 음료가 많다. 그리고 콜라가 다른 음료보다 치아에 손상을 주는 것도 아니다. 콜라를 마시면 치아가 손상된다고 하지만 걱정할 수준은 아니고 실제로는 건강에 좋다고 하는 과일주스가 치아 부식을 더 유발하는 것으로 분석됐다. 서울대학교 치의학대학원 예방치학교실 진보형 교수팀이 과일주스, 이온·섬유음료, 탄산음료, 어린이음료 등을 비교 실험한 결과이다. 계란을 식초에 오랫동안 담가놓으면 껍질(탄산칼슘)이 완전히 녹아서 없어지는데 칼슘은 pH가 낮을수록 잘 녹기 때문이다. 결국 모든 산성음료는 치아를 손상시킬 수 있는데, 음료는 순식간에 마시는 것이라 치아손상을 걱정할 필요는 없다. 따라서 콜라가 다른 어떤 탄산음료보다 비난을 받을 이유는 전혀 없고, 과즙음료 등보다 나쁠 특별한 이유도 없다.

탄산은 생각보다 익숙하다

탄산수는 물에 탄산을 주입한 것이고, 탄산음료는 음료에 탄산을 주입한 것이다. 그런데 탄산수는 건강에 특별히 좋은 것 인양 찬양을 하고 탄산음료는 특별히 나쁜 것 인양 비난을 한다. 물론 칼로리 섭취가 많은 사람에게는 탄산음료보다 탄산수가 낫고, 음료보다는 물이 낫다. 하지만 탄산은 칼로리가 있는 것도 아니고 건강에 해를 끼치는 성분도 전혀 아니어서 음료 중에 탄산음료만 특정하여 비난하는 것은 전혀 공정하지도 이치에 맞지도 않다.

그리고 탄산(또는 이산화탄소)은 탄산음료 뿐 아니라 우리 주변 어디에나 있다. 모든 발효식품 즉 발효유, 맥주, 샴페인, 김치, 빵에 있고 로스팅한 커피나 빵에도 있다. 생명이 만든 모든 유기물은 광합성 즉 이산화탄소와 물의 결합을 통해 만들어진 것이라, 그것을 불로 태우든 내 몸 안에서 효소로 태우든 결국에는 다시 이산화탄소와 물로 분해된다. 발효제품은 미생물의 효소에 의해 유기물이 이산화탄소로 분해되고, 커피를 로스팅하면 열에 의해 이산화탄소로 분해된다. 그리고 이산화탄소가 물에 녹아있는 것이 탄산이다. 지구가 처음 만들어질 때는 산소는 없고 이산화탄소가 많았다. 땅은 있었지만 불과 6억 년 전 까지는 강력한 자외선 때문에 지상에는 아무 것도 살지 못했다. 이산화탄소가 녹아 있는 물에서 생명이 시작되었고, 광합성 생명체가 산소와 유기물을 만들었던 것이다. 산소와 이산화탄소는 생명의 절대적인 요인이고 우리 몸에는 산소와 이산화탄소 농도를 감지하는 센서가 있다. 탄산은 정말 익숙한 감각인 것이다.

물에 녹은 이산화탄소는 입안에서 터지는 재미를 준다. 스파클링 와인(샴페인)의 발효를 마치고 추가적인 발효를 통해 만들어진 이산화탄소가 와인 속에 가득히 녹아있다. 그래서 그것을 마실 때 미세한 버블이 혀를 자극한다. 이런 버블은 맥주의 매력이기도 하고 탄산음료의 매력이기도 하다. 사실 예전에는 이런 탄산의 느낌은 일부 광천수

요리의 방점, 경이로운 신맛

에서나 느낄 수 있었던 것이다. 우리나라는 초정리 광천수가 유명한데 미국의 샤스타광천, 영국의 나폴리나스 광천과 함께 세계 3대 광천수로 꼽히는 곳이다. 이들 광천수가 질병에 좋다고 하자 그 비밀이 광천수의 특별한 성분인 기체(탄산)가 천사가 물에 불어넣어준 좋은 기운이라고 말하는 사람도 있었다고 한다. 그래서 서양에서는 400년 전부터 인공적으로 탄산수를 만들려고 노력하였다. 18세기에 천연 탄산수의 비밀이 이산화탄소임이 밝혀지자 현대 화학의 창시자이기도 한 라부아지에 등에 의해 탄산수를 쉽게 만드는 방법을 고안하기도 하였다. 요즘은 너무나 쉽고 흔하게 탄산수를 즐길 수 있지만 과거에는 첨단 과학기술의 제품이었던 것이다. 그렇게 개발된 탄산수는 미국에서 금주령 시기에 성인에게 커다란 위안을 주기도 하였고 그것이 콜라의 탄생의 결정적인 배경이 되기도 하였다.

물에 녹은 탄산은 입안에서 터지는 재미를 준다. 스파클링 와인(샴페인)의 후발효를 통해 만들어진 탄산이 와인 속에 가득히 녹아있다. 그리고 마실 때 그것이 미세한 버블을 만들며 혀를 자극한다. 이런 거품은 맥주의 매력이기도 하고 탄산음료의 매력이기도 하다. 탄산이 만든 거품은 칼로리 없이 우리가 마실 때 느끼는 즐거움을 높여주는 매력적인 요소인 것이다.

이런 것이 가능한 것은 이산화탄소가 비교적 물에 잘 녹기 때문이다. 이산화탄소는 산소, 질소, 수소보다는 수십에서 수천배 더 잘 녹는다. 0도의 물 1kg에는 3g 이상 녹는데, 무게로는 작지만 기체의 부피로는 1.5리터 이상이다. 이런 탄산의 양을 볼륨이라는 단위로 표시를 하기도 하는데 1볼륨은 0℃의 대기압 상태에서 음료 부피만큼 탄산가스가 포함된 것이다. 즉 2볼륨은 음료 1리터에 탄산가스 2리터가 포함된 것을 의미한다. 발효의 과정 중에는 항상 이산화탄소가 생성되는데, 에일 맥주가 20도에서 발효되었다면 0.86 탄산볼륨 정도가 남아있고, 병맥주가 10도에서 발효되었다면 1.2 볼륨 정도가 포함되어 있다.

만약에 효모를 통해 180g의 포도당($C_6H_{12}O_6$)을 알코올 발효를 시키면 이론적으로는 92g의 알코올($2C_2H_5OH$)과 88g의 이산화탄소($2CO_2$)가 생성된다. 효모가 살아가기 위해서는 순수하게 이 반응만 일어나는 것이 아니라 다른 대사 물질도 만들고 생존을 위해서도 포도당을 쓰기 때문에 포도당의 92% 정도만 알코올로 변환된다. 기체일 때 이산화탄소의 비중은 0.002 정도니까 88g의 이산화탄소는 부피로는 4.4리터가 된다. 물 1000g에 포도당 180g(18%)넣고 발효를 하면 알코올 84.6g (8.46%, 부피로는 10.8%)의 술이 되어 알코올로는 강하지 않는 술이 되지만, 이산화탄소가 4.4리터가 날아가지 않고 술 안에 그대로 남게 된다면 강탄산 음료가 되는 것이다.

탄산음료는 발효의 과정이 없으므로 인위적으로 이산화탄소를 고압으로 주입하는데, 이런 탄산음료는 탄산의 함량에 따라 약탄산과 강탄산으로 분류한다. 과일탄산음료나 우유탄산음료는 2정도의 약탄산음료이고, 탄산수 사이다 콜라 등은 3~4 정도의 강탄산 음료이

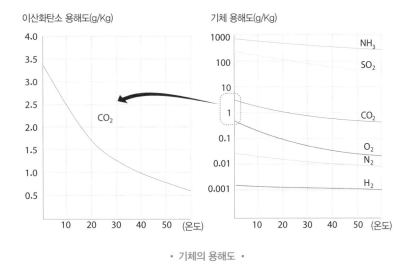

이산화탄소 용해도(g/Kg)　　　　기체 용해도(g/Kg)

· 기체의 용해도 ·

다. 강 탄산음료의 경우 마시는 즉시 입 안 가득 짜릿함과 가슴이 뻥 뚫리는 듯한 청량감을 느낄 수도 있다. 이보다 강한 압력으로 만들어 지는 것은 탄산캔디가 있는데 40기압의 압력으로 캔디 안에 이산화탄 소를 포집시킨 것이다. 그러니 침이나 물에 닿으면 톡톡 터지면서 녹 는다.

　그런데 우리는 왜 탄산수나 탄산음료를 상쾌하다고 느끼는 것일까? 탄산이 든 음료를 마시면 탄산가스가 나오면서 일시적으로 더부룩함 이 해소되는 것처럼 느껴진다. 그래서 옛날에는 가벼운 소화불량에 소화제 대신 사이다를 마시는 경우가 많았다. 막걸리의 시원함도 탄 산의 힘이 크다. 살균한 막걸리는 열에 의해 탄산이 기화되어 톡 쏘는 맛이 없어진다. 그래서 요즘은 살균 막걸리에도 탄산을 주입하기도 한다. 김치의 시원함도 탄산의 역할이 상당하다. 낮은 온도에서 발효될수록 탄산이 많이 녹아 있어 시원하다. 사이다는 조미료로도 많이 사용되는데, 찍어먹는 장류를 만들 때 또는 국밥집에서 깍두기에 시원함을 더하기 위해 넣기도 한다.

그런데 이런 탄산은 모든 호흡과정에서 생긴다. 우리는 하루에 포도당 640g에 해당하는 유기물을 소비하는데 포도당($C_6H_{12}O_6$) 180g이 분해되면 이산화탄소($6CO_2$) 264g이 생성되므로 938g의 이산화탄소가 생성된다. 부피로는 552리터이다. 각각의 세포에서 만들어진 552리터가 넘는 이산화탄소가 혈액에 녹아서 폐를 통해 배출되므로 우리는 매일 276리터의 약탄산수 마시는 셈이다. 콜라는 4볼륨 즉 1리터

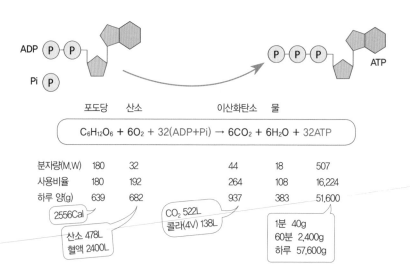

	포도당	산소		이산화탄소	물	
$C_6H_{12}O_6$ + $6O_2$ + 32(ADP+Pi) → $6CO_2$ + $6H_2O$ + 32ATP						
분자량(M.W)	180	32		44	18	507
사용비율	180	192		264	108	16,224
하루 양(g)	639	682		937	383	51,600

2556Cal

산소 478L
혈액 2400L

CO_2 522L
콜라(4V) 138L

1분 40g
60분 2,400g
하루 57,600g

• 하루 에너지 대사와 이산화탄소 생산량 •

요리의 방점, 경이로운 신맛

의 물에 4리터 무게로는 7g의 이산화탄소가 녹아 있는 상태니까, 우리는 매일 138리터의 콜라를 마시는 셈이다. 그럼에도 혀의 만족을 위해 탄산수나 탄산음료 또는 맥주를 추가적으로 마신다.

　그런데 우리는 사실 탄산을 왜 좋아하는지 어떻게 감각하는지도 잘 모른다. 탄산의 시원함이 거품이 주는 물리적 촉각으로 생각하지만 핵심적인 것은 수소이온(H^+)에 의한 화학적인 감각이라고 한다. 작은 물체를 이용하여 혀의 표면에 탄산가스처럼 자극을 주어도 신경세포는 반응을 하지 않고, 탄산이 있어도 혀 표면에 있는 탄산탈수소효소(carbonic anhydrase)를 억제하면 톡 쏘는 상쾌한 느낌을 전혀 느낄 수 없기 때문이다. 탄산의 상쾌함에 결정적인 역할을 하는 탄산탈수소효소는 우리 몸에서 가장 중요한 효소의 하나이다. 탄산탈수효소가 이산화탄소를 탄산의 형태로 물에 잘 녹게 하거나 탄산을 다시 이산화탄소로 바꾸어 배출하게 하는데 핵심적인 역할을 한다. 우리가 호흡을 할 때 마다 많은 이산화탄소가 발생하는데, 이것을 혈액에 잘 녹게 해야 효과적으로 폐를 통해 배출을 할 수 있다. 만약에 혈액에 녹지 않은 기체가 많이 생기면 큰 문제가 생긴다. 그리고 혈액에 녹은 탄산은 혈액의 pH를 어떤 상황에서도 안정적으로 유지하는데 결정적인 역할을 한다. 이산화탄소는 탄산탈수소효소 덕분에 H_2CO_3가 되고 pH에 따라 적당량 HCO_3와 H^+로 해리되면 혈액의 pH를 완충한다. 혈액의 pH 7.35 이하로 떨어지거나 7.45 이상으로 높아져도 문제가 생기는데, 이런 좁은 범위로 안정적으로 유지하는데 결정적인 역할을 하고,

우리 몸에서 삼투압의 유지와 이온교환에도 핵심적인 역할을 한다. 우리 몸의 혈액과 세포들은 적절한 삼투압과 함께 양이온과 음이온의 균형도 맞추어야 하는데, 우리가 대량으로 섭취하는 미네랄은 Na^+, K^+, Ca^+, Mg^+ 같은 양이온이다. 음이온은 Cl^-가 핵심이고 그 다음 중요한 것이 바로 탄산에서 만들어지는 HCO_3^-이다. 이 음이온은 콩팥에서 이온교환에서 핵심적인 역할을 한다. 만약 콩팥에 이산화탄소와 탄산탈수소효소가 없으면 콩팥은 제대로 작동하기 힘들 것이다.

탄산이 폐에 도달하면 다시 탄산탈수소효소의 작용으로 순식간에 기체인 이산화탄소로 전환되어 우리 몸 밖으로 빠져 나간다. 혀에서

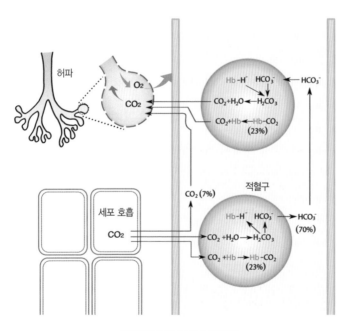

• 이산화탄소와 CA효소의 작용 •

요리의 방점, 경이로운 신맛

톡 쏘는 상쾌함을 주는 기작이 폐에서 혈액의 탄산이 이산화탄소로 전환되어 빠져나가는 것과 같은 기작이다. 탄산음료의 뚜껑을 따면 이산화탄소의 형태로 빠져나가는데 상당한 시간이 걸린다. 그 정도 속도의 휘발로는 짜릿한 느낌을 주기 힘들다. 탄산음료를 마시면 침에 존재하는 탄산탈수소효소 덕분에 빠른 속도로 이산화탄소로 전환되어 그 정도의 짜릿한 감각이 만들어지는 것이다. 탄산탈수소효소의 작용은 효소 중에서 매우 빠른 편에 속해서 1초에 약 100만 번까지 이산화탄소를 탄산으로 또는 탄산을 이산화탄소로 전환시킨다.

우리는 새로운 음식을 좋아하지만 진정한 감동은 익숙한 음식에서 느낀다. 그런 측면에서 탄산의 감각은 우리 몸에 가장 오래된 원초적인 감각의 하나이고 항상 작동하는 감각이다. 그래서 그렇게 좋아하는 것일 것이다. 그런데 많은 사람들이 무작정 탄산음료는 건강의 적으로 비난하는 것은 정말 씁쓸한 일이다. 뭐든 많이 먹으면 문제가 생기고, 탄산음료는 인기가 많아 많이 소비되는 음료일 뿐, 다른 음료에 비해 건강에 해로운 어떠한 성분도 없는데 무작정 비난하는 것은 공정하지 못하다. 사실 우리는 탄산뿐 아니라 이산화탄소 자체에 대해서도 잘 알지 못하고 공정하지 못한 평가를 한다. 산소는 좋고 이산화탄소는 나쁜 분자인양 말이다.

원래는 이산화탄소보다 산소가 위험한 분자이다

요즘 이산화탄소에 대한 걱정이 많다. 과거에는 10만년을 주기로 이산화탄소의 농도가 180에서 300ppm 수준을 오르내렸는데 1950년경 300ppm을 넘은 이후 줄지 않고 꾸준히 증가하여 최근에는 400ppm이 넘었다. 이렇게 높아진 이산화탄소는 지구의 온난화의 결정적인 요인이 되고 추울 때는 더 춥고, 더울 때는 더 더운 기온의 양극화도 더 심해질 것이다. 높아진 이산화탄소는 기존에 바다 등에 녹아 있던 이산화탄소의 방출을 촉진하여 파국적으로 사이클에 들어갈 수 있다는 걱정도 있다. 하지만 이것은 인간의 과도한 화석 연료의 사용 등이 원인인 것이지 이산화탄소가 원래 쓸모없고 위험한 분자라서 벌어지는 일이 아니다. 원래는 산소가 독이고 이산화탄소가 안전한 분자이다.

사람들은 방사선을 정말 무서워하지만 사실 방사선이 생물에게 영향을 미치는 메커니즘은 산소의 독성과 같다. 호흡을 하면 산소가 유기물을 분해하면서 만들어지는 수소이온과 결합하여 물이 된다. 그리고 그 반응의 중간물질로 5% 미만의 활성산소가 생긴다. 지구상의 모든 진핵 생명은 산소 없이 살아갈 수 없다. 그리고 그 산소 때문에 늙고 병든다. 대사과정에서 만들어진 자유라디칼은 대부분 제거되지만, 일부가 미토콘드리아를 빠져나가 DNA나 단백질을 망가뜨린다. 방사선에 피폭되어도 물 분자가 쪼개지면서 자유라디칼이 만들어지는데, 호흡을 통해 만들어지는 자유라디칼과 정확히 똑같은 분자이다. 따라서 산소 호흡과 방사선 피폭은 본질적으로 같은 종류의 독성인 것이다. 호흡은 아주 느린 형태의 산소 중독이라고 볼 수 있고, 노화와 노인병은 모두 본질적으로는 느린 산소 중독으로 인해 일어난다. 그리고 순수한 산소도 독성이 있다. 100% 산소를 6~12시간동안 공급하면 기관지염이 일어나고 폐의 부피도 감소한다.

식물에게 가장 중요한 분자는 물과 이산화탄소이다. 이산화탄소가 있어야 포도당을 비롯한 유기화합물(탄소화합물)을 만들 수 있다. 최초의 지구에는 산소는 없었고 이산화탄소가 많았다. 시아노균과 같은 광합성을 하는 생명체가 등장하자 비로써 산소가 생기기 시작했다. 과거에 엄청나게 많았던 이산화탄소가 이제는 고작 0.04%(400ppm)만 남아 있기도 하다. 만약에 인간에게 0.04%의 산소환경에서 살라고 하면 단 몇 분도 버티지 못할 것이다. 식물은 가만히 땅에 뿌리를 내리고 전혀 움직이지 않아서 에너지를 낭비하지 않기 때문에 그 작은 양의 이산화탄소로 살아갈 수 있는 것이다. 그리고 어떤 식물은 이산화탄소의 부족현상을 해소하기 위해 별도로 이산화탄소를 농축하는 기작을 개발하였다. C4식물은 PEPCO(phosphoenolpyruvate carboxylase) 효소를 통해 C3화합물(phosphoenolpyruvate)에 이산화탄소를 결합시켜 C4화합물(oxaloacetate)을 만들어 이산화탄소를 비축했다가 필요하면 다시 분해하여 광합성을 하는데 사용한다. 이산화탄소는 그만큼 식물에게 절박한 분자인 것이다.

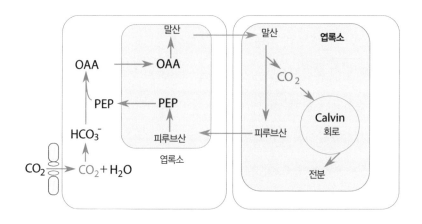

• C4작물의 이산화탄소 비축기작 •

우리 몸에서 이산화탄소의 고정

이산화탄소를 이용하는 것은 식물뿐이고, 우리 몸은 산소만 이용하지 이산화탄소는 전혀 이용하지 않는 것처럼 생각하지만 사실이 아니다. 오르니틴이 시트루린을 거쳐 다시 아르기닌으로 재생되는 과정에서 탄산이 쓰인다. 이 회로를 요소(urea)회로 라고 하는데, 우리가 섭취한 단백질을 소비하면서 만들어지는 암모니아(NH_3)를 훨씬 독성이 낮은 요소(Urea)형태로 전환하여 배출하는 핵심적인 회로이다. 그리고 산화질소도 만들어서 혈관의 수축과 팽창 등도 조절한다.

그리고 이 반응은 글루탐산에서 핵산이 합성되는 과정의 시작이기도 하다. 글루탐산과 이산화탄소가 만나 카르바모일인산(Carbamoyl

요리의 방점, 경이로운 신맛

phosphate)이 되고 여기에 아스파트산이 결합해 카르바모일인산이 되면서 피리미딘계 핵산이 만들어진다.

비타민 K가 혈액의 응고에 필요하다고 하는데, 비타민 K 못지않게 중요한 것이 이산화탄소의 고정이다. 혈우병은 출혈을 할 때 피가 멈추지 않아서 문제를 겪는 병이다. 상처가 나서 피가 나오면, 혈액에 있는 응고인자가 피를 굳게 한다. 이를 위해서는 혈액의 응고인자를 형성하는 펩타이드에 존재하는 글루탐산에 이산화탄소를 결합시켜 감마카복실글루탐산 형태로 만들어야 한다. 그래야 칼슘을 붙잡는 능력이 일어나 적절한 혈액 응고반응이 가능하다. 이때 비타민K는 이산화탄소를 고정시키는 효소의 작용을 도와주는 조효소로 작용한다. 이처럼 우리 몸에는 이산화탄소를 직접 고정시키는 효소마저 있는 것이다.

요즘 비타민 K의 중요성을 강조하는 사람들이 늘고 있는데, 사실 비타민 K는 우리 몸에서 이산화탄소를 고정시키는 역할을 하는 것이고, 그를 통해 만들어진 칼슘을 붙잡고 통제하는 능력이 중요하지 비타민 K 자체가 무슨 특별한 기능을 하지는 않는다.

피루브산,
유기산의 시작

2

이산화탄소에 대해 알아보았으니 본격적으로 에너지 대사에 관여하는 유기산에 대해 알아보고자 한다. 음식을 먹는 주목적은 우리 몸을 작동시키는데 필요한 에너지를 얻는 것이고, 탄수화물을 에너지원으로 쓰이기 위해서는 전분을 포도당으로 분해되고 포도당이 피루브산으로 분해하는 과정을 거친다. 이것은 거의 대부분의 생명체의 공통적인 반응이다.

포도당을 10단계의 효소작용을 통해 2분자의 피루브산으로 분해되는 것을 해당glycolysis 작용이라고 한다. 포도당에 인산 1분자를 결

포도당　　　　　G6P　　　　　F6P　　　　　　F1, 6BP　　　　　DHAP

HO-CH₂　　O₃PO-CH₂　　O₃P O　OH　　O₃P O　OPO₃　　H₂C-OPO₃

(구조식) OH / HO OH / OH　　(구조식) OH / HO OH / OH　　(구조식) CH₂ OH / HO OH / OH　　(구조식) CH₂ O CH₂ / HO OH / OH　　C=O / HO-CH₂

OH　　　　OH　　　　OH　　　　OH　　　　O PO₃　　　HC=O
C=O　　　C=O　　　C=O　　　C=O　　　C=O　　　HC-OH
C=O　　　C-OPO₃　HC-OPO₃　HC-OH　　HC-OH　　H₂C-OPO₃
H₃C　　　H₂C　　　H₂C-OH　　H₂C-OPO₃　H₂C-OPO₃

피루브산　　　PEP　　　2PG　　　3PG　　　1,3PG　　　G3P

• 해당작용(glycolysis)의 기작. 포도당이 2분아직 피루브산으로 분해된다 •

합시키는 것에서 시작하여 과당에 인산 2분자를 붙인 상태(F1,6P)가 되고, 이것을 절반으로 쪼갠 후(G3P), 인산의 결합 및 이동을 통해 2분 자의 피루브산이 된다.

그리고 피루브산이 에너지 대사의 가장 중요한 갈림길이 된다. 피 루브산에서 유산소호흡에서는 이산화탄소가 떨어져나가면서 아세틸 CoA가 되고 무산소 호흡일 때는 젖산이 된다.

유산소 호흡의 시작은 피루브산에서 아세틸 CoA 생산

피루브산을 이산화탄소와 아세틸−CoA로 분해하는 것은 간단한 일 이 아니다. 3개의 효소와 TPP, FAD, NAD의 3가지 조효소(비타민B) 가 필요하며 하나의 리포산이 개입한다. 글루탐산에서 피루브산으로

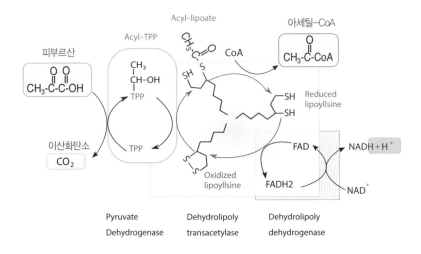

• 피루브산에서 아세틸-CoA 합성하는 단계에 작용하는 효소시스템 •

분해하는 과정에서는 고작 2ATP만 나오지만 아세틸-CoA를 거쳐 이산화탄소로 완전 분해하면 32ATP 이상이 만들어진다. 이것은 구연산을 설명하면서 좀 더 자세히 설명하겠다.

그런데 포도당만 많다면 굳이 완전연소가 필요 없다. 포도당에서 피루브산으로 분해속도가 워낙 빨라서, 이산화탄소로 완전 분해하는 것만큼의 에너지가 나온다. TCA 회로는 에너지 효율은 매우 좋지만 복잡한 효소의 개입이 많아 속도는 느리다.

무산소 호흡, 피루브산에서 젖산 등의 생산

피루브산에서 가장 쉽게 만들어지는 것이 젖산이다. 단 한 단계의

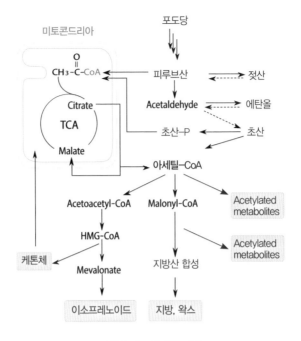

• 아세틸-CoA의 활용기작 •

효소작용으로 젖산이 된다. 피루브산에서 에탄올이나 초산이 만들어
지려면 한 단계를 더 거쳐야 한다. 바로 아세트알데히드로 분해되는
과정이다. 아세트알데히드는 효모에 의해 에탄올이 되거나 초산균에
의해 초산이 될 수 있다. 효소에 의해 일단 에탄올이 만들어지면 아세
트알데히드를 거쳐 초산이 되고 초산이 아세틸-CoA가 되면서 대사
된다. 우리의 몸이나 초산균이나 동일한 대사를 거쳐 에탄올을 분해
하는데, 초산균은 초산상태로 유지하려는 특성이 있는 것만 다르다.

자연계에는 수많은 미생물들이 있으며, 인체 내에도 40조개 정도가 살고 있다. 미생물은 인체에 유익한 종류가 있는 반면에 유해한 세균들도 상당히 있다. 인체에 유익한 미생물의 대표 격인 유산균은 포도당 또는 유당과 같은 탄수화물을 분해하여 유산(젖산)이나 초산과 같은 유기산을 생성하는 균이다. 유산균이 당으로부터 유산을 만드는 것을 발효라 하며, 이러한 발효과정을 거쳐서 발효유, 치즈, 버터와 같은 발효식품이 만들어진다. 그러나 젖산을 생산한다고 해서 다 몸에 유익한 균은 아니다. 학술적으로 유산균의 범주에 속하는 미생물에는 발효유에 사용되는 유산균 이외에도 병원성 미생물의 일부 종류, 그리고 부패성 미생물의 일부 종류도 포함된다. 따라서 우리가 식품에 유산균을 사용하기 위해서는 인체에 무해할 뿐 아니라 우리 몸에 들어갔을 때 유익한 유산균만을 선택적으로 선별하여 사용해야 한다.

젖산을 만드는 것으로는 유산균이 유명하지만 유산균 뿐 아니라 대부분의 생명체도 무산소 호흡을 하면 젖산이 만들어진다. 젖산은 발효유에 많고, 김치 등에도 많이 생성이 되지만 젖산은 구연산이나 식초처럼 다양하게 쓰지는 않는다. 젖산은 유화력을 높이기도 하고 면류에서 보존성을 높이기 위해 사용하기도 한다.

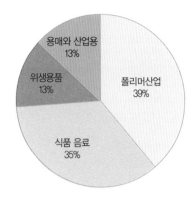

• 젖산의 시장규모 (25.5만톤, 전세계) •

우리나라에서 초창기 야쿠르트 판매에는 어려움이 많았다

유산균을 처음 이용한 사람들은 BC 3000년경 동지중해 지역 유목민이었을 것으로 추정하고 있다. 유목민들은 가축의 젖을 짜서 가죽주머니에 넣고 다녔는데, 이것이 유산균에 의해 발효되었고, 식품으로 애용하기 시작한 것이다. 과학적으로 유산균을 처음 발견한 사람은 프랑스의 미생물학자 파스퇴르(Louis Pasteur ; 1807~1893)였다. 1857년, 그는 포도를 발효시켜 포도주를 만드는 과정에서 유산균을 발견하였으나 포도주를 시게 만드는 나쁜 균으로만 생각했다. 유산균의 효용성을 알지 못한 것이다.

그러다 유산균 발효유가 전 세계적으로 널리 보급된 계기는 유산균 과학의 아버지라고 불리는 러시아 생물학자인 메치니코프(Elie Metchinikoff: 1845~1916)에 의해서다. 유산균 발효유를 일상적으로 음용하는 불가리아지방과 코카서스지방에 장수하는 사람이 많다는 사실을 근거로 유산균 발효유의 섭취가 인간의 생명연장에 도움이 된다고 주장했다.

일본에서는 1930년 시로다(廣田) 박사가 계대배양이라는 배양기법을 통하여, 인체 내 위액과 담즙에 사멸하지 않는 특수 유산균인 야쿠르트균을 육성 배양하는데 성공하여 야쿠르트 산업이 만들어졌다. 우리나라에도 이 제품이 한국야쿠르트에 의해 도입되었는데 초기에는 유산균에 대한 소비자들의 인식이 부족하여 많은 어려움이 있었다고 한다. 영업사원들은 아무리 건강과 미용에 좋은 영양식품이라고 해도 "유산균"이라는 말만 하면 '돈내고 균은 사먹지 않겠다.'는 반응이 대부분이었던 것이다.

유산균은 자연에서 흔하고 많은 문화권에 유산균을 이용해 만든 젖산 특유의 시큼한 맛이 나는 전통식품이 있다. 소, 양, 염소, 말, 낙타처럼 포유류에 속하는 가축의 젖을 발효시킨 발효유도 있고 맛과 원료는 전혀 다르지만 우리의 김치 같은 유산균 발효 제품도 있다.

사실 젖산은 우리 몸에도 자주 생성되는 가장 친숙한 산이다. 심한 운동을 한 후에 근육에 피로를 느끼게 되는 것은 글리코겐이 분해되어 생긴 젖산 때문이다. 어린이의 산독증(酸毒症) 치료를 위해 링거액에 젖산염을 넣기도 한다.

대부분의 세균은 젖산이 녹아있는 산성(酸性) 환경을 좋아하지 않는다. 유산균이 젖산을 젖산을 만드는 것은 먹이 경쟁에서 다른 세균을 물리치기 위한 생존 전략이다. 식품을 장기 보존해야 하는 우리의 입장에서 유산균의 그런 전략이 잡균에 의한 식품의 부패를 막아주어 유용하다. 그리고 유산균이 만든 젖산이 풍부한 식품을 섭취하면 장에 있는 유해 세균의 번식이 억제되는 정장(整腸) 효과가 나타난다.

하지만 유산균이 언제나 우리에게 유익한 것은 아니다. 특히 이빨의 표면에 생긴 프라그에 붙어있는 유산균은 입안에 남아있는 포도당이나 과당 등을 발효시켜 젖산을 만들어낸다. 입안에 남아있는 젖산이 치아 표면의 법랑질을 약화시켜서 충치가 생기는 원인이 된다.

젖산의 생산속도는 빠르다

젖산은 1798년에 우유에서 처음 분리되었고, 1880년에 미생물에 의해 생산 된 최초의 유기산이다. 발효 배지는 탄소원과 질소원 12~15%에 인산염과 미량 영양소를 함유한 것이다. pH는 5.5~6.5, 온도는 45~50℃에서 약 75시간에 걸쳐 이루어진다. 45~60℃의 고온에서 발효를 하면 일반 미생물의 오염을 막을 수 있어 효과적이다. 그런데 과량의 젖산은 유산균에게도 독이 된다. 연속식 배양 기술이나 전기 투석의 방법으로 생성된 젖산을 제거하여야 효율적인 젖산 생산을 지속할 수 있다. 포도당 1 분자에서 2 분자의 젖산이 생산되는데 이론 수율은 약 90%이다.

젖산은 산소가 적은 상황에서 해당작용(glycolysis, 포도당이 2개의 피루브산, 혐기적으로 분해되는 현상)이 활성화되는 경우에도 다량 생성되는 데, 특히 세포증식 활동이 활발한 암세포에서 이런 상황이 빈번하게 나타난다. 그리고 저 산소 상태에서 암세포에 의한 젖산 생성이 암의 악성화와 관련 있다는 일부 보고가 있었지만 아직 확실하지 않다. 사실 활발하게 활동을 하며 에너지 소비가 많은 세포는 미토콘드리아가 많지만 줄기세포나 암세포에는 미토콘드리아가 많지 않다. 림프구와 같은 면역계세포에도 미토콘드리아가 별로 없다. 체세포로 분화된 세포는 미토콘드리아가 많고, 에너지를 많이 생성하지만 그만큼 산화성스트레스를 많이 받는다. 그래서인지 미토콘드리아를 포기하는 것도 나름 생존전략인 것이다. 암세포는 분화되어 특별한 기능을 담당하지 않고, 덜 분화된 상태로 증식에 몰두한다. 그리고 증식하는 과정에서 미토콘드리아를 포기한다. 산소는 많은 종양에 독이 되는데 종양에 산소를 투입하면 방사선요법의 효과가 서너배나 높아진다. 어떤 암세포는 미토콘드리아가 잔뜩 있기도 하지만 생화학적으로 검사를 해보면 미토콘드리아는 실레로 활동하지 않는다. 텔로머레이스는 활성화되고 미토콘드리아에 의한 산화적 스트레스는 없으므로 영원히 증식할 수 있는 것이다.

활동이 많은 세포는 결함이 있는 미토콘드리아가 점점 쌓이고, 결국 이것이 세포의 수명을 좀 먹는다. 암세포 등의 일부 체세포는 미토콘드리아를 버리고 혐기성 호흡을 한다. 미토콘드리아 대신에 젖산발효로 에너지를 얻기 때문에 많은 포도당을 사용하지만 자신은 영원히 살아가는데 도움을 받는 것이다.

세포의 자살은 세포 안에 내장된 자살 스위치가 발동할 때 일어난다. 그리고 자살 명령을 수행하는 것은 핵의 유전자가 아니라 미토콘드리아의 유전자다. 미토콘드리아에서 자살 스위치가 발동하면 세포는 미토콘드리아에서 방출된 캐스페이즈와 같은 효소에 의해 빠른 속도로 분해된다. 암세포는 미토콘드리아가 없으므로 세포 자살의 신호에도 이렇게 작동하지 않는 것이다

3. 초산, 식초(vinegar)의 생산

식초는 술만큼 오래된 역사를 가졌다

"오미五味의 마지막은 신맛입니다. 신맛은 식초의 맛입니다. 곡물의 당분은 알코올 발효를 거쳐 초산 발효로 끝이 납니다. 결국 초는 술이 마지막 발효를 거쳐 완성되는 것이죠. 그래서 식초라는 뜻의 '초醋'와 시다는 뜻의 '산酸'의 옆에는 술독을 뜻하는 '유酉'가 붙어 있습니다. '초' 옆에 '석昔'의 해 위에 있는 표식들은 날이 지나감을 뜻하는 것으로 '오래되다'는 뜻입니다. 술이 시간이 흘러야 초로 변함을 뜻합니다. '산酸'의 '유酉' 옆의 것은 '높은 곳을 천천히 오르다'는 뜻입니다. 힘든 등산을 하면 마디가 아프고 시립니다. 그 시린 것을 '산'이라 하였고, 그래서 힘든 세상살이를 비유하여 '신산辛酸'이라 합니다."

_ 출처 : 한자본색, 장인용

음료, 과자, 아이스크림 등에 구연산이 많이 사용된다면 요리에는 식초가 많이 쓰인다. 식초는 초산이 4~20%(주로 4~6%) 들어 있는 제품으로 식초의 역사는 술의 역사와 궤를 같이한다. 효모에 의해 포도당이 분해되면 알코올이 되는데, 알코올이 한 번 더 발효되면 식초가 된다. 술이 만들어지면 원하든 원하지 않든 식초가 될 가능성을 항상 있는 것이다. 서양에서 식초는 포도주를 만들다 우연히 얻은 부산물이기도 해서 프랑스어인 vin(와인) 과 aigre(시다)를 합성한 vinegar(식초)라 한다. 그래서 식초는 술만큼 오랜 역사를 가지고 있고, 바빌로니아인들은 BC 5000년에 이미 식초를 제조하여 조미료와 식품의 보존성을 높이는 목적으로 사용하였다.

2500년 전 히포크라테스(BC 460~377)는 식초의 효능에 관심이 높아서 통증해소나 세균에 의해 곪은 것을 치료하기 위해 식초와 벌꿀을 섞어 옥시멜(oxymel)이라는 약품을 만들어 사용하기도 했다. 로마시대에 많은 귀족들이 건강과 미용을 위해 식초를 즐겨 마셨다는 얘기가 전해지고 있다. 그리고 중세가 되면서 식초는 요리에 빠져서는 안 되는 소스의 맛과 향을 결정하는 조미료로서 발전해 나간다. 또, 프랑스에서는 각지에서 와인 식초나 사과식초가 만들어져 13세기 경 파리의 거리에는 식초를 파는 상인이 있었다고 한다. 중국은 북위시대(386~534년)에 쓰인 〈제민요술〉에 조·찹쌀·기장·보리·콩·팥·술지게미 등을 원료로 하여 식초를 만드는 법이 적혀 있다. 우리나라는 음식에 대한 기록이 크게 부족한데 고려시대에 식초가 음식의 조리에 이용되었다는 기록이 있다.

식초는 거의 전 세계 모든 문화권에서 조미료로 사용되어 요리에 신맛과 생동감을 줄 뿐 아니라 보존성도 높여준다. 식초가 포함된 식품은 부패균의 증식이 억제된다. 피클처럼 음식을 식초에 절이면 오랫동안 상하지 않는다. 초밥처럼 식초를 넣은 음식은 좀 더 오랫동안 안심하고 먹을 수 있다.

초산은 식품에서 사용하는 유기산 중에 가장 작은 분자에 속한다. 작고 극성이 있어서 물에 잘 녹지만 초산의 함량이 높으면 서로 결합하여 고체가 되고, 물에 작은 양이 녹이 있어도 휘발성이 있어서 특유의 자극적인 냄새가 있다. 그래서 오래 익히는 고기에 처음부터 식초를 쓰면 산미는 휘발되고 감칠맛만 남게 된다. 발효로 만든 식초는 주성분이 초산(acetic acid)이기는 하지만 이것 말고도 다양한 유기산과 아미노산, 당, 알코올, 에스테르 등이 들어 있다. 그래서 식초의 종류에 따라 다른 풍미를 가진다.

식초는 원료에 따라 향이 다르다

식초의 종류는 원료에 따라 크게 곡류식초(쌀, 밀)와 과실식초(매실, 감)로 나누고 제조법에 따라서 양조식초와 합성식초로 분류된다. 빙초산은 보통 초산의 함량이 98% 이상인데 초산의 어는점이 16.6℃이므로 상온(보통 15℃)에서는 쉽게 얼어버린다. 그래서 얼음이라는 뜻에서 빙초산(氷醋酸, glacial acetic acid)이라 부른다. 빙초산은 가격이 저렴하고 적게 넣어도 강력한 신맛이 나고, 화학 산업에서도 필수적인 산이다. 빙초산은 발효가 아닌 화학적 합성을 통해 만들어지지만 흔히 말하는 것처럼 석유에서 추출할 수 있는 것은 아니다. 빙초산이 발효식초보다 많이 생산되지만 식용으로 사용되는 것은 대부분 양조식초이고 빙초산은 산업용으로 주로 쓰인다. 빙초산도 충분히 휘석해서 사용하면 특별한 위험은 없다.

식초는 원료에 따라 종류가 달라지는데 일본은 쌀식초, 영국은 보리식초(Malt vinegar), 프랑스나 이탈리아는 와인식초, 미국은 사과식초(Cidre vinegar) 등이 유명하다. 11세기 이탈리아의 모데나 지방에서는 발사믹식초가 탄생하였다. 발사믹식초는 10년 이상 오래 숙성한 것이 특징이다. 동남아시아에는 야자수액을 원료로 한 야자식초가 유명하고 있고 그 밖에 베리류, 파인애플류, 코코넛, 피치 등이 주요 재료인 식초도 있다. 그리고 벌꿀을 원료로 한 꿀 식초, 사탕수수로부터 만드는 사탕수수식초, 치즈를 만들고 남은 유청으로 만든 유청식초도 있다. 술이 있는 곳에 반드시 식초가 있다고 할 만큼 어떤 술이라도 적절히 발효하면 식초가 되니, 세상에는 술의 종류만큼 다양한 식초가 있다.

▶ 사과식초(Apple vinegar) : 사과로부터 만드는 식초로 미국에서 가장 일반적인 식초다. 사과에 함유되어 있는 칼륨 등의 미네랄을 있고, 깔끔한 맛의 식초다. 벌꿀과 섞으면 버몬트 드링크가 되는데 미국 버

몬트주가 사과의 원산지이고, 버몬트 사람들이 장수한다고 알려져 버몬트 드링크가 주목을 받았다고 한다.

▶ **발사믹 식초** : 와인비네거는 포도를 초산 발효시킨 것인데 원료는 감미가 강한 포도를 사용한다. 발효된 식초를 떡갈나무, 밤나무, 벗나무 등의 재질이 다른 나무통에 옮겨가면서 5~7년간 숙성을 시킨다. 통을 교체하면서 나무 통에서 나오는 풍미를 추가하는데 통 안에서 최소 12년 이상 숙성시켜야 "트래디셔널 베키오, traditional vecchio"등급을 받을 수 있고, 25년 이상 숙성시킨 것은 "트라디지오날레 엑스트라 베키오, tradizionale extra vecchio"라고 불리며 고가에 팔린다. 기본적으로 이탈리아의 법률적으로 정해 놓은 최저 숙성 기간은 12년이다

▶ **와인식초**(wine vinegar) : 와인식초는 포도를 원료로 한 프랑스나 이탈리아의 대표적인 식초이다. 먼저 포도과즙으로부터 와인이 만들고 이후 초산 발효를 시켜 와인식초를 만든다. 와인특유의 향이 있고, 와인과 동일하게 적포도와 백포도로 만든 것이 있다. 일반 곡물식초보다 산도가 높고, 쌀 식초보다도 당질이 적기 때문에 상쾌한 느낌이 있다. 드레싱이나 마리네이드 찜요리의 숨은 맛에 사용된다. 셰리식초(sherry vinegar)는 스페인산 셰리주로 만든 식초이고 맥아식초(Malt vinegar)는 맥주의 원료에 사용되는 맥아로 만든 식초이다.

▶ 코코넛식초(Coconut vinegar) : 코코넛 과실액이 원료인 식초다. 코코넛에 당류 등을 가해서, 알코올발효를 시켜 술을 만들고 거기에 초산균을 가해서 발효시키면 약 1개월 정도에 코코넛식초가 완성된다. 쌀식초보다 산미가 강하지 않고, 상쾌한 감귤계의 향이 난다. 필리핀에서는 식초라고 하면 이 코코넛식초라고 할 정도로 각 가정의 많이 쓰이고, 동남아시아에서 흔히 쓰이는 식초이다.

▶ 향초(香酢): 찹쌀로부터 만들어지는 중국전통의 식초다. 그 이름대로 향이 풍부하고, 부드러운 산미가 특징이다. 가열조리를 하더라도 그 향은 없어지지 않으며, 요리에 뿌려도 맛있게 먹을 수 있다. 향초는 아미노산이 고르고 풍부하게 함유되어 있는데 향초의 아미노산 함유량은 쌀 식초의 10배 이상으로 알려져 있다.

▶ 그 외 과실초 : 필리핀에 파인애플식초 등 지역마다 기후나 풍토에 맞는 과실식초가 만들어진다. 레몬과즙에 알코올과 물을 가해서 초산발효시킨 레몬식초도 있다. 과실식초는 과실에 함유되어 있는 사과산, 구연산, 주석산 등이 산미에 더해지기 때문에 곡물식초와는 다른 산미가 있다.

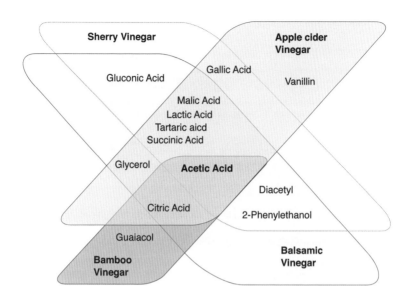

Sherry Vinegar

Apple cider Vinegar

Gluconic Acid

Gallic Acid

Vanillin

Malic Acid
Lactic Acid
Tartaric aicd
Succinic Acid

Glycerol

Acetic Acid

Diacetyl

Citric Acid

2-Phenylethanol

Guaiacol

Bamboo Vinegar

Balsamic Vinegar

• 식초의 종류별 물질특성 •

식초는 신맛과 활력을 준다

식초의 톡 쏘는 신맛은 잃었던 식욕을 돋워 주며 소화액의 분비를 촉진시켜 소화흡수를 돕는다. 따라서 더위나 피로로 입맛이 없고 기력이 떨어질 때 식초와 싱싱한 채소를 듬뿍 넣은 오징어무침이나 오이냉국을 먹으면 입맛도 돌고 온몸에 활기가 생긴다. 식초는 생선 비린내를 억제하며 식초에 들어 있는 유기산은 비타민 B군과 비타민 C를 보호하는 역할도 한다. 그래서 생선요리를 하거나 비타민이 많이 든 채소요리를 할 때는 식초를 많이 사용한다.

그리고 식초는 에너지원으로 피로회복 기능도 있다. 1953년 영국의 크렙(Kreb) 박사는 크렙사이클(TCA 회로)을 통해 이 비밀을 밝혀냈다. TCA회로는 우리가 섭취한 음식이 생활에 필요한 에너지로 전환되는 과정이다. 이 사이클이 원활하게 작동해야 생존에 필요한 에너지가 생성되어 피로도 느끼지 않고 활기찬 삶을 살 수 있게 된다. 식초는 이런 회로의 원료로 사용될 수 있기 때문에 식초를 마시면 피로 회복이 빨라지게 된다.

식초는 칼슘의 흡수를 도와주는 기능이 있다. 이것과 관련해서는 클레오파트라의 이야기가 유명하다. 조개껍질은 탄산칼슘으로 되어 있는데 진주도 탄산칼슘으로 만들어진 것이다. 로마 시대의 실력가 안토니우스가 이집트를 방문하자 클레오파트라는 그의 앞에서 식초가 담긴 잔속에 자신의 진주 귀고리를 담근다. 그 진주는 당대에 가장 아름답고 귀한 것이었는데 식초에 담긴 진주는 서서히 녹았고 클레오파트라는 이를 단숨에 마셔 버렸다는 것이다. 그러자 안토니우스는 그녀의 대범함에 마음을 뺏겼다고 한다. 진주가 식초에 녹는 건 사실이다. 진주 뿐 아니라 달걀 껍질 같은 칼슘염은 pH가 낮을수록 잘 녹는다. 하지만 식초에 진주가 다 녹기 위해서는 상당한 시간이 필요하기 때문에 클레오파트라의 이벤트는 눈속임이거나 과장된 이야기였을 가능성이 높다. 하여간 위산의 역할 중에 이런 기능이 있는데, 식초도 칼슘의 용해도(흡수도) 향상에 도움을 줄 수 있는 것이다. 하지만 식초는 위궤양이나 위산과다 등 위에 문제가 있거나 신장 질환이 있는 사람은 피하는 것이 좋다. 초산이나 유기산이 위벽을 자극해 속 쓰

요리의 방점, 경이로운 신맛

림이 생길 수 있기 때문이다.

아세틸-CoA에서 초산(아세트산)이 만들어진다

대장균은 아세틸-CoA에서 초산을 만들 수 있다. 먼저 아세틸-CoA에 인산이 결합하여 아세틸인산이 된 후에, 초산과 ATP가 만들어진다.

아세틸-CoA + 인산 → 초산-P + CoA

초산-P + ADP → 초산 + ATP

초산균은 효모가 만든 에탄올을 이용하여 초산을 만들 수 있다. 초산균은 그람음성의 호기성 세균으로 당, 당알코올, 알코올로부터 에너지를 얻어 생존할 수 있다. 특히 초산과 낮은 pH에 견디는 능력이 좋아 알코올을 아세트알데히드를 거쳐 초산으로 전환시키면서 에너지를 얻는다. 초산균은 여러 식품과 음료의 제조에 관여하는데 식초와 콤부차kombucha, 코코아 그리고 나타드 코코가 대표적이다. 한편 초산균은 경우에 따라 식품의 변질균으로 작용한다. 와인이나 맥주 음료 또는 과일에서 초산이 생성되면 기호도가 확 떨어진다.

초산균이 알코올로부터 초산을 생성하기 위해서는 2개의 세포막 결합 효소가 필수적인데 알코올탈수소효소(alcohol dehydrogenase, ADH)와 알데히드탈수소효소(ALDH)이다. 이 두 효소는 세포질 막에

위치하여 작용한다. 이 효소로 초산이 생성되지만 초산균의 구체적인 생리기작은 아직 충분히 밝혀지지 않았다. 사실 알코올도 세균이 살아가기 힘든 조건이고 초산도 세균이 살아가기 힘든 조건이다. 그리고 알코올에서 초산으로 전환하는 과정에서 에너지가 많이 생성되는 것도 아니다.

아세트산에 대한 내성은 초산균이 대량의 아세트산을 생산하는 데 가장 중요한 역할을 한다. 그 저항성 기작을 연구하기 위해 초산균에 돌연변이를 유발한 실험이 있는데 Acetobacter pasteurianus에서의 알코올탈수소효소(ADH)를 파괴하면 에탄올 호흡에 결함이 생기므로 아세트산 저항성이 상실된다. 그리고 세포막에는 아세트산을 펌핑하여 배출하는 기작이 필요하다. 그리고 이런 배출펌프는 아세트산에

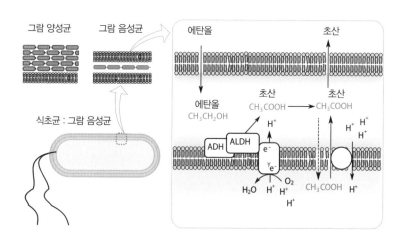

• 초산균의 에탄올에서 초산의 생성 기작 •

요리의 방점, 경이로운 신맛

특이적이지만 프로피온산과 부티르산과 같은 단쇄지방산(SCT)이 많은 경우에도 작용을 한다. 그리고 알코올에 대해서는 작용을 하지 않는다. 양성자의 동력으로 아세트산을 배출하는 펌프 덕분에 초산균은 대량의 초산을 생산할 수 있는 것이다.

식초의 생산

전 세계에서 생산되는 초산의 양은 년간 500만 톤으로 추정하는데, 그 중에서 발효 방법으로 생산되는 것은 10% 정도이고, 식품에 사용되는 것은 주로 발효로 만든 것이다. 화학적 합성으로 만들어지는 초산의 75%는 메탄올의 카보닐화에 의해 제조되며, 그 밖에 아세트알데히드 산화법, 에틸렌 산화법 등으로 제조된다. 식용 식초를 만드는 가장 오래되고 전통적인 방법은 초산균(Acetic acid bacteria)을 이용해 알코올로부터 초산을 만드는 것이다. 초산균은 그람음성균으로 에탄올을 초산으로 산화시키면서 얻은 에너지(ATP)를 이용하여 생존한다. 25~35도 특히 30~32도에서 잘 산다.

초산균은 에탄올이 밥이라고 할 정도로 세상에서 에탄올을 가장 좋아하는 생명체이지만 너무 높은 에탄올 함량을 견디지는 못한다. 에탄올이 10%만 되어도 효율이 크게 떨어져 6~8% 정도를 좋아한다. 그리고 에탄올 5%에서 초산 5%를 생산할 정도로 초산 생산의 효율성이 높다. 이론상 에탄올 1분자 (C_2H_5OH, 분자량 46)에서 초산 1분자 ($C_2H_4O_2$, 분자량 60)가 만들어지므로 1kg의 에탄올에서 1.3kg의 초산이 만들어질 수 있는데, 일부는 다른 생존의 목적에 사용되므로 1kg 정도의 초산이 만들어진다. 이 과정에서 다량의 산소가 필요하다. 따라서 초산발효는 충분한 산소 공급이 필요하다. 에탄올 1분자에 산소 1분자(O_2, 분자량 32)가 필요하므로 1kg의 에탄올을 산화시키기 위해서는 700g의 산소가 필요하다. 산소는 1리터가 1.429g이므로 487리터, 산소함량이 20%인 공기로는 2,434리터가 필요하다. 즉 초산 중량의 2400배 부피의 공기가 필요하다. 그래서 밀폐를 통해 공기를 차단하면 초산발효가 멈추는 것이다.

식초균이 특이한 점

식초균의 특성은 어쩌면 코알라와 닮았다. 코알라는 딱 한 가지 음식인 유칼립투스 잎만 먹는다. 유칼립투스 잎은 독성이 강해서 다른 동물들은 도저히 먹을 수 없는 음식이다. 코알라처럼 순하고 약한 동물이 지금까지 살아남은 건 키가 큰 나무인 유칼립투스에 살면서 천적을 피하고 동시에 아무도 먹지 않아 경쟁이 없는 유칼립투스 잎을 먹이로 삼았기 때문이다. 코알라에게 필요한 것은 독을 해소하는 능력과 영양이 빈약한 유칼립투스 잎을 충분히 소화하는 능력이다. 코

C_2H_5OH	+	O_2 $\longrightarrow$	CH_3COOH	+ H_2O + 8ATP
46		32	60	18
58.3ml		22.4리터	57ml	18ml
5ml		9리터	4.9ml	1.5ml

요리의 방점, 경이로운 신맛

알라에게는 생체이물(xenobiotic)을 해독하는 효소(CYPC2)의 유전자가 31개나 되고 특히 간에서 발현량이 많다고 한다. 그래서 코알라에게는 약도 잘 듣지 않는다고 한다. 소염제나 항생제 역시 생체이물이므로 간에서 너무 빨리 분해를 해버리므로 일반적인 투여량으로는 약효를 내기 어렵다고 한다.

코알라의 뇌는 19그램에 불과해 몸무게 대비 무게가 가장 덜 나가는 포유동물이다. 뇌는 두개골 내부의 60%만 차지할 정도로 퇴화하였고, 대뇌피질에 주름도 거의 없어 표면적도 작다. 뇌를 통한 에너지 소비를 최소화한 것이다. 코알라에게 중요한 것은 뇌가 아니라 소화관과 해독기관인 것이다. 코알라의 맹장은 무려 2m로 모든 동물 가운데 몸집 대비 가장 크다. 그래 음식물이 맹장에 최대 100시간 머물게 하면서 미생물의 도움으로 힘들게 소화시킨다. 그럼에도 에너지가 충분하지 않아 하루에 20시간 동안 잠을 자며 에너지 소모를 최소화한다.

식초균은 다른 미생물은 독성 때문에 거부하는 알코올을 먹고 산다. 에탄올(C_2H_5OH)을 초산(CH_3COOH)으로 분해하면서 생기는 에너지에 의존해 산다. 알코올은 칼로리가 매우 높아서 이산화탄소로 완전히 연소하면 많은 에너지를 얻을 수 있는데, 에탄올이 존재하는 한 초산을 만드는 선에서 멈춘다. 매우 영리한 또는 이기적인 전략이다.

자신은 초산에 내성이 있지만 대부분의 다른 균들은 초산에 내성이 없어서 자라지 힘들기 때문이다. 에탄올이라는 훌륭한 에너지원을 독점하며 살다가 알코올을 전부 소비하여 더 이상 먹을 것이 없으면 그 때는 초산도 먹어 치운다. 대사체계를 바꾸어 초산을 이산화탄소로 완전 연소하면서 많은 에너지를 확보한다. 그래서 식초를 만들 때는 에탄올을 전부 소비하여 초산이 최대로 만들어진 상태에서 더 이상 초산균이 활동하지 못하도록 공기를 차단하거나 살균 조치를 취해야 한다. 아니면 초산균이 자신이 만든 초산을 완전히 소비하여 맹물로 만들어버릴 수 있다.

그러고 보면 효모는 초산균보다 훨씬 숭고하다. 효모가 알코올을 만드는 것은 알코올을 통해 다른 균의 생육을 막는 자원의 독점이라는 이기심이지만 효모는 알코올 발효가 끝나 자신이 먹을 것이 없다

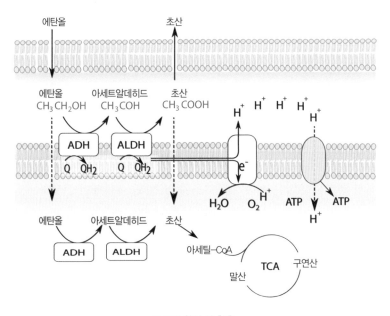

• 초산의 합성 및 활용 •

              요리의 방점, 경이로운 신맛

고 알코올을 먹지는 않는다. 그리고 효모는 진핵생물이라 세균인 초산균보다 몸집이 1000배 이상 커서 훨씬 에너지가 많이 필요한데, 포도당에서 12 단계를 거쳐 겨우 2Cal를 얻는다. 대부분의 칼로리를 알코올에 남겨두는 것이다. 그런데 초산균은 에탄올에서 고작 2 단계를 거쳐 8Cal을 얻는다. 그리고 필요하면 언제든지 초산을 완전 분해하여 추가적인 에너지를 얻는다.

알코올 발효를 할 때 초기에는 대부분 약간의 젖산발효가 일어난다. 그 정도는 술맛에 부정적인 영향이 없는데 초산 발효가 일어나면 술이 시금털털해져서 기호도가 크게 떨어진다. 알코올에 젖산발효가 많이 되었으면 자연에서 유입되는 초산균 정도로는 힘들고 충분한 양의 종초를 넣어서 극복해야 한다. 항상 미묘하고 섬세한 주의가 필요한 것이 발효이다.

식초는 발효 후 숙성을 거치는 경우가 많은데 맛을 부드럽게 하고 혼탁을 제거하는 목적이 있다. 식초의 혼탁은 발효원료 중에 존재하던 단백질과 타닌성분에 기인한다. 초산균인 A. xylinum 등이 번식하여 미생물 셀룰로스를 생산함으로서 혼탁을 유발한다. 단백질 등은 밀폐형 숙성탱크에 넣어 가득 채운 후 저온에서 2~3개월 동안 저장 숙성시키면서 침전시켜 여과 정제한다. 이 기간 중 자극취가 소실되고 향기와 맛이 원숙해지며 미분해 단백질, 펙틴, 균체 등의 침전이 이루어져서 여과/정제가 쉬워진다.

철, 타닌 등에 의한 혼탁을 방지하기 위하여 철분의 혼입을 예방하며 존재하는 철분은 인산염 등의 금속제거제로 처리할 수 있다. 특히 미생물에 의한 혼탁의 예방은 저온살균(65~70℃)하거나 또는 미세여과기를 사용하여 제균 및 여과효과를 동시에 볼 수 있다.

유산소 호흡 TCA회로

TCA회로의 시작은 아세틸−CoA와 옥살아세트산(C4화합물)이 결합하여 시트르산(C6화합물)을 만드는 것이다. 시트르산은 알파케토글루타르산과 숙신산을 거치면서 2번의 이산화탄소 분해 작용을 거쳐 C4화합물이 되고, 푸마르산과 말산을 그리고 옥살아세트산이 되면서 아세틸−CoA와 결합할 준비를 한다. 이런 사이클을 무한히 반복하면서 이산화탄소와 수소이온을 방출하면서 대량의 ATP를 만들어낸다.

피루브산이 만들어지면 크게 3가지 경로를 통해 대사가 되는데 첫번째는 산소가 없을 때 일어나는 무산소호흡(또는 젖산 발효)으로, 고작 2ATP가 만들어진다. 그리고 좀 특이한 경로가 아세트알데히드를 거쳐 에탄올이 만들어지는 과정이다. 세번째로 우리 몸(진핵세포)에서 산소가 있을 때는 아세틸−CoA를 거쳐 이산화탄소로 완전히 분해면서 대량의 ATP가 만들어진 경로이다.

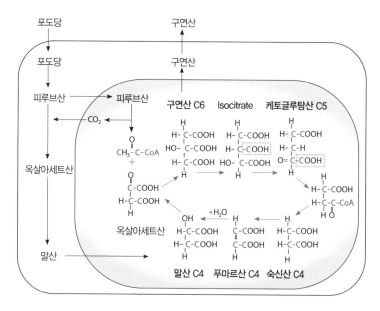

• TCA회로와 구연산의 생산 •

구연산은 가장 맛있는 산

구연(枸櫞)은 감귤류인 시트론(citron)의 한자명이다. 구연산은 1784
년 레몬주스에서 처음 분리될 정도로 레몬과 라임에 아주 많다. 음료
등 가공식품에 가장 많이 쓰이는 산미료이고 생화학적으로도 매우 중
요한 유기산이다. 에너지 대사의 중심인 TCA회로의 시작 물질이기도
하기 때문이다. 그래서 우리 몸에서 구연산은 정말 많이 만들어지지
만 대부분 그 즉시 계속 분해되기 때문에 혈액에 존재하는 양은 체중
1kg당 1mg 정도이고 소변을 통해 하루에 0.2~1.0g 정도 배출된다.
유기산은 보통 카복실산이 1개(초산과 젖산) 또는 2개(사과산, 주석산, 숙신산, 푸마르산)인데 구연산은 3개이다. 그래서 3개의 pKa 값(3.1, 4.7, 6.4)을 가지고 있다.

구연산은 년 간 150만 톤 정도가 생산되어 75%가 식품용(이중 절반은 음료용)으로 쓰이고, 10% 정도는 제약용, 나머지 15% 산업용으로 쓰인다.

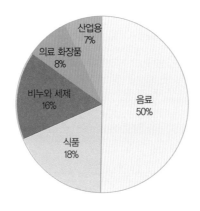

• 구연산의 전 세계 시장규모(160만톤, 2007년) •

식품에서 구연산은 미생물 발효를 통해 생산되어 가격이 저렴하고, 용해도가 높고, 맛이 가장 부드럽고 상쾌하여 널리 쓰인다. 음료, 잼, 젤리, 사탕, 디저트 등에 산뜻한 신맛을 부여하고, 향을 제대로 살려주고, pH를 낮추어 식품의 보존성을 크게 높여준다. 그리고 구연산은 킬레이팅 효과로 색을 안정시키고, 산화 안정성도 높여준다. 탄산수소나트륨에 섞어서 쓰면 거품을 발생시키는 목적으로도 사용된다. 빵에서는 팽창제 역할을 하고 물에서는 탄산수를 만들 수 있다. 식품 중에 많은 양의 구연산은 킬레이션 능력이 있어서 칼슘과 철분의 흡수를 방해할 수 있다. 구연산은 지방 또는 비타민C의 안정화제로 사용될 수 있다. 금속 이온 (철, 구리)과 복합체를 형성하여 촉매(산화)반응을 억제 할 수 있기 때문이다. 치즈 제조 시 에멀젼의 안정제로 사용된다. 구연산은 뼈의 인회석 결정의 크기를 조절하는데 도움이 되는 뼈의 핵심적인 구성 성분이다.

제약 업계에서 비타민, 발포제, pH 보정제, 혈액 보존제 또는 철분을 킬레이션하는 목적으로 쓴다. 구연산 철은 좋은 철 공급원 역할을 한다. 구연산은 쉽게 칼슘과 결합하여 구연산칼슘을 형성한다. 이는 요로결석을 억제하는데 요로결석의 80% 이상이 옥살과 결합한 칼슘인데, 구연산이 중간에 끼어들면 치밀하고 단단한 결정구조를 만들지 못하기 때문이다. 혈액의 응고에도 칼슘이 관여하는데, 헌혈할 때 혈액팩에 구연산삼나트륨 용액을 소량 첨가하면 응고가 억제된다.

구연산은 연고 및 화장품 제제에도 사용되는데, 화장품에서는 품질의 보존 및 항산화제로서 사용된다. 그리고 화학 산업에서는 섬유 처리, 특정 금속의 야금에서 사용된다. 세제에서는 구연산은 하수에 부영양화 효과가 적기 때문에 폴리인산염 대체물로 사용된다.

구연산은 미생물 발효를 통해 생산

이런 구연산은 1826년 영국에서 처음으로 상업적으로 처음 생산되었다. 이탈리아에서 수입한 레몬(7~9% 구연산을 함유)에서 추출한 것이다. 그리고 1919년 벨기에에서 미생물인 아스페르길루스 니게르(Aspergillus niger, 검정곰팡이, 이하 흑국균)를 이용하여 산업적으로 생산한 이래 구연산은 대부분(99%) 발효에 의해 생산된다. 화학적 합성법도도 가능하지만 미생물에 의해 발효하는 것보다 경쟁력이 없어서 사용되지 않는다.

흑국균이 사용된 것은 다른 균들은 잘 자라지 못하는 pH 2.5~3.5이라는 낮은 pH에서도 적절한 영양분이 있으면 자랄 수 있음을 발견한 이후이다. 구연산을 생산하여 pH가 낮아져도 계속 구연산을 만들어 배출하는 기능을 가지고 있어서 산업적 생산균주가 된 것이다. 다른 여러 균들도 구연산을 생산하지만 흑국균 만큼 효율적이지는 못하다.

사실 대부분의 생명체가 TCA회로를 가지고 있으므로 수많은 미생물이 구연산을 생산하는데 사용할 수 있다. 문제는 옥살산, 이소시트르산, 글루콘산 같이 바람직하지 않는 물질을 얼마나 적게 만들고, 많은 양의 구연산을 만드느냐이다. 또한 구연산이 생산되면 pH가 낮아지므로 낮은 pH를 잘 견딜 수 있는 것이 핵심이다. 그래서 균류인 흑국균이 선택되었고, 생산성을 향상시키기 위해 돌연변이를 통한 균주 개량이 이루어졌다. 생산된 구연산을 분해하거나 다른 유기산으로 전환하는 효소는 억제되고 구연산을 합성하는 효소는 10배는 활성화 되었다. 이런 구연산의 발효조건은 이미 1930~40년대에 확립이 되었지만 아직 생리적 기작이 완전히 밝혀진 것은 아니다.

구연산 생산의 최적조건

항목	조건
설탕농도(탄소원)	10~25%
암모늄염(질소원)	〉0.2%
미량원소 – 망간 – 아연 – 철	〈10^{-8}몰 〈10^{-7}몰 〈10^{-4}몰
pH	1.5 ~ 2.5
용존산소	150mbr
발효시간	150 ~ 250 시간

구연산을 효과적으로 생산하기 위해서는 탄소원, 질소 및 인산염 제한, pH, 통기 등의 조건이 엄격하제 통제되어야 한다. 탄소원으로는 다양한 탄수화물이 사용될 수 있는데, 설탕, 포도당, 맥아당, 당밀 등이 일반적으로 사용된다. 이때 탄수화물의 농도가 중요한데 12~25% 정도가 적당하다. 5% 미만인 경우, 구연산의 생산량은 너무 적고 농도가 10 % 이상이 되어야 안정적으로 생산이 된다.

배지의 pH는 구연산의 수율에 영향을 미치며, 특이한 점이 pH가 2.5 미만일 때 최대가 된다는 것이다. 이 pH에서 옥살산 및 글루콘산의 생성이 억제된다. 또한 낮은 pH에서 구연산의 세포막 통과가 쉬워진다. pH가 4이상이 되면 구연산에서 글루콘산의 전환이 일어나고, pH가 6을 넘으면 옥살산이 축적된다. 그리고 pH가 낮아야 일반적인 미생물이 자라지 않아 오염의 위험이 낮아진다. TCA회로는 유산소호흡이므로 산소의 공급이 필수적이다. 발효중에 산소의 공급이 갑작하게 중단되면 발효균의 생존에는 문제는 없으나 구연산의 생산은 크게 감소한다.

이런 구연산의 생산방법에는 표면발효(Surface process)와 심부발효(submerged process)가 있다. 세계의 구연산 공급량의 80%는 심부발효 방식으로 생산된다. 심부 발효가 정교한 관리 및 제어가 필요하지만 효율이 높고 자동화가 쉽기 때문이다.

구연산의 생성은 효율성은 균사체의 구조에 달려있다. 구근과 가지가 잘 형성되어서 구연산이 잘 만들어지고 균사가 느슨하고 가지가 많지 않으면 구연산을 잘 생산하지 않는다.

구연산의 생산은 포화 농도 20~25%의 산소를 공급하면서 최적조건에서 약 250~280 시간에 발효를 시키면, 리터당 8-12g의 균이 140g의 설탕을 탄소원으로 100~110g의 구연산을 만든다. 이론적으로 설탕 100g에서 무수 구연산 112g 또는 구연산1수화물 123g이 만들어진다. 발효가 끝나면 옥살산 같이 원치 않는 부산물은 pH ⟨3에서 석회를 첨가하여 침전시켜 제거한다. 그런 다음 수산화칼슘을 첨가하여 구연산을 구연산칼슘으로 만들어 침전시킨다. 침전물을 여과 후 황산을 첨가하여 용해를 시키면 황산칼슘이 침전물로 분리가 된다. 그리고 활성탄, 이온교환기, 용매 등으로 완전히 여과하고 농축하여 결정화시킨다. 36℃이하에서는 구연산1수화물이 만들어지고, 40℃ 이상에서는 무수구연산이 만들어진다.

자연발효와 통제된 발효

항목	미생물	내성기작
식초	초산균	초산(약산)에 내성기작
젖산	젖산균	
구연산	곰팡이 A. niger	pH(2.0이하)에 내성기작
알코올	효모	알코올(15%) 내성
글루탐산	코리네균	무균생산

6. 숙신산(Succinic acid), 말산(Malic Acid), 푸마르산(Fumaric acid)

숙신산(succinic acid, 호박산)

1550년 R.아그리콜라가 수지인 호박(琥珀, 라틴어 succinum)에서 분류했다. 산미료보다 해산물 풍미의 감칠맛 소재로 쓰인다. TCA회로에서 숙신산은 푸마르산으로 바뀌면서 수소이온을 미토콘드리아 외막과 내막 사이로 배출한다. 농도차를 극복한 수소이온의 배출은 ATP 합성에 결정적인 동력이 된다. 이것은 숙신산탈수소효소에 의한 것인데, 4개의 지단백질이 복합체를 이룬 것이다. 여기에는 유비퀴논과 FAD 라는 조효소 그리고 철-황합체(Fe_2S_2 clusters)가 같이 작동한다. 매우 복잡하고 정교한 시스템인 것이다.

숙신산은 미토콘드리아에서 TCA회로를 통해 만들어지는데 미토콘드리아 기질을 빠져 나와 세포질뿐만 아니라 세포 밖으로도 배출되어 유전자 발현을 조절하고 호르몬과 같은 기능도 한다. ATP 합성에서 매우 중요하므로 이 효소시스템에 문제가 생기면 여러 병리학적 증상이 나타날 수 있다.

숙신산은 세균, 곰팡이, 식물에서는 탈탄산이 없이 구연산이 숙신산과 glyoxylate로 분해되는 회로에 의해서도 만들어지고, 글루탐산에서 만들어진 가바(GABA)가 다시 TCA회로를 통해 연소되는 통로로 사용되기도 한다. 세포 외로 분비된 숙신산은 혈액 세포, 지방 조직, 면역 세포, 간, 심장, 망막, 신장과 같은 다양한 조직에 영향을 주는 호르몬과 유사한 기능을 가진 신호 분자로 작용할 수 있다는 점이 매우 흥미롭다.

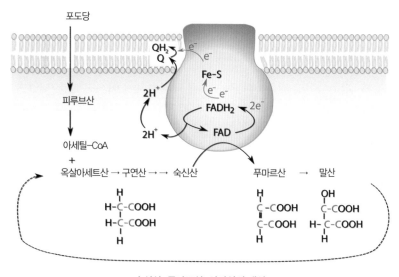

• 숙신산, 푸마르산, 사과산의 대사 •

요리의 방점, 경이로운 신맛

숙신산은 여러 방법으로 생산이 되는데 미생물 발효는 대장균과 효모(Saccharomyces cerevisiae)의 유전적 조작으로 고 수율의 생산이 가능해졌다. 세계 생산량은 연간 16,000 ~ 30,000 톤으로 추산된다.

숙신산과 타타르산은 풍미증진효과가 있는데, 숙신산은 치즈에서도 감칠맛을 높이는 역할을 한다. 녹차에서는 테아닌, 갈산(gallic acid), 테오갈린(theogallin)과 함께 숙신산도 감칠맛을 부여한다. 숙신산은 식품 및 의약품, 계면 활성제 및 세제, 친환경 용제 및 생분해성 플라스틱을 생산하는 산업 등에서 사용되며 사료에도 사용된다. 그리고 화학합성의 원료로도 사용된다. 그리고 숙신산의 지방 연소 조절 기능도 관심의 대상이다.

우리 몸에는 단순히 지방을 저장하는 백색지방조직뿐 아니라 지방을 태워 열을 내는 갈색(또는 베이지색)지방조직도 소량 존재한다. 정온(온혈)동물의 체온조절 수단 가운데 하나다. 그런데 뚱뚱한 사람은 갈색지방조직의 활동이 미미해 열생성(thermogenesis)으로 소모하는 칼로리가 적다. 갈색지방조직이 작동하는 메커니즘을 밝혀 이 경로를 활성화하는 물질을 찾는다면 놀라운 다이어트약이 될 수 있을 것인데 숙신산이 그 후보중의 하나다.

갈색지방세포 안에는 미토콘드리아가 많은데, 세포호흡 과정에서 수소이온의 누수가 일어나면 에너지 저장 분자인 ATP가 만들어지는 대신 열이 발생한다는 메커니즘이 이미 오래전에 밝혀졌다. 즉 갈색지방세포의 미토콘드리아에는 UCP1이라는 단백질이 존재해 ATP를 만드는 동력이 될 수소이온을 흩뜨려놓는다. 발전소의 효율을 고의로 떨어뜨려 전기(ATP) 대신 폐열(열생성)만 잔뜩 내놓게 한 셈이다.

그렇다면 갈색지방조직을 어떻게 활성화시킬 수 있을까. 가장 확실한 방법은 저온에 노출시키는 것이다. 추위를 느끼면 뇌는 교감신경을 통해 갈색지방조직으로 신호를 보내 열생성 반응을 일으키라고 명령한다. 그런데 숙신산은 백색지방조직에 비해 갈색지방조직에 더 많았고 같은 갈색지방조직이라도 열생성을 유발하는 저온 조건에서 더 많았다. 그동안 숙신산은 세포호흡의 TCA 회로를 이루는 한 성분(중간물질)일 뿐 우리 몸에서 별다른 역할을 한다고 여겨지지는 않았다. 그런데 최근 구연산이나 숙신산 같은 물질이 혈액 중에도 존재한다는 사실이 밝혀지면서 이들이 신호분자 같은 또 다른 역할을 한다는 증거가 나오고 있다.

연구자들은 갈색지방조직에 유독 숙신산 농도만 높은 데 주목했다. 단순히 세포호흡이 활발해진 결과라면 구연산 같은 다른 성분의 농도도 높아야 하기 때문이다. 생쥐를 저온(4도)에 둔 뒤 혈액을 채취해 분석한 결과 정말 숙신산 농도가 높았다. 즉 추위에 노출될 경우 몸의 다른 조직에서 숙신산이 만들어져 순환계(혈관)를 통해 갈색지방조직으로 들어간다는 시나리오다. 연구자들은 저온 자극이 교감신경뿐 아니라 숙신산을 통해서도 열생성 반응을 촉발하는지 알아보기 위해 숙신산을 직접 정맥에 투여해봤다. 그 결과 저온에 있지 않았음에도 갈색지방조직에서 열생성 반응이 활발해졌다. 미토콘드리아에 숙신산

요리의 방점, 경이로운 신맛

이 많아지면 TCA 회로에서 숙신산이 푸마르산으로 바뀌는 과정에서 나오는 활성산소의 양도 많아진다. 이 활성산소가 신호로 작동해 UCP1이 활성형이 되고 열생성 반응이 일어나는 것으로 밝혀졌다. 하지만 숙신산의 효과가 지속적일지는 아직 미지수이다.

숙신산의 생산량은 연간 3만 톤 정도이다 구연산의 160만 톤에 비해 매우 작은 양이다. 숙신산은 해산물의 감칠맛을 높여주는데 매우 효과적이기도 하다. 산미료 또는 감칠맛 소재로도 중요하고 생리적으로는 훨씬 더 중요한 유기산이다.

푸마르산(Fumaric acid)

푸마르산은 1946년부터 식품 산미료로 사용되어 왔다. 특이하고 상쾌한 신맛으로 맛이 강하고 오래가는 편이다. 푸마르산은 타타르산 및 구연산의 대체제로 사용되며 푸마르산 1g 당 약 1.5g의 구연산의 비율로 사용된다. 하지만 용해도가 낮아서 식품에 제한적으로 쓰인다. 치즈케익믹스, 젤라틴을 함유한 디저트분말, 분말음료 등에 쓰인다. 분말 제품에 많이 쓰이는 이유는 수분의 흡습이 없기 때문이다. 푸마르산은 토르티야를 만들 때 식품 보존료로 사용되고, 베이킹파우더에 가스 발생속도를 조절하는 목적으로 사용된다. 물에 용해도가 낮아 분말주스의 발포제로 사용하면 기포 지속성을 높이는 데 도움이 된다. 포화수용액에서 pH는 2.2~2.7이다. 시트르산 회로의 중간생성물로 숙신산으로부터 생성되며 이후 말산으로 전환된다. 또한 요소

회로에서 생성될 수 있는데, 시트룰린과 아스파트산이 결합하여 아르기노숙신산이 된 후 아르기닌과 푸마르산으로 분리된다.

말산(Malic Acid, 사과산)

말산(malic acid, 사과산)은 1785년에 칼 빌헬름 셸레에 의해 사과 주스에서 최초로 분리되었다. 그래서 사과의 라틴어인 mālum에서 유래한 이름을 붙였다(사과나무의 속명은 Malus). 사과산은 많은 과일이나 채소에서 발견되고 냄새는 없거나 약간의 특이한 냄새가 있으며 특이하고 약간 자극적인 신맛이 있다.

와인에서 말산(사과산)은 타타르산(주석산)과 함께 포도의 주요 산미료인데, 그 양이 숙성직전에 최고조에 달해 2%에 도달하기도 한다. 이후 익어감에 따라 0.9∼0.3%로 감소하지만 그래도 신맛이 너무 강하므로 후발효 즉 말로락틱발효(malolactic fermentation, MLF) 과정을 통해 더욱 줄이기도 한다. 알코올 발효 후에 이루어지므로 내알코올성 젖산균(Oennococcus oeni)이 필요하다. 이 균은 말산은 젖산으로 바꾸는데 말산은 2개의 수소이온(H^+)을 내 놓을 수 있지만 젖산은 1개만 내놓을 수 있어서 신맛이 감소한다. 이렇게 말산을 젖산으로 전환하면 과도한 말산에 의한 자극적이고 떫은 맛이 나는 것을 줄여주어 와인의 풍미가 부드럽고 조화롭게 된다. 하지만 특정한 와인(Chenin blanc, Riesling)에서는 디아세틸 같은 물질을 만들어 이취를 발생시키기도 한다. 그래서 말로락틱발효는 주로 레드와인에서 실시하기 때문

　요리의 방점, 경이로운 신맛

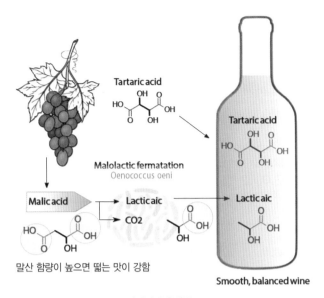

• 와이너리 유산균 •

일반적 Oenococcus oeni(오에노코카스 주정)

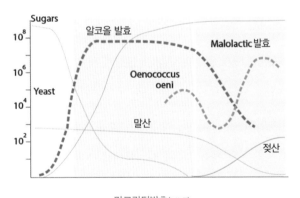

• 말로락틱발효(MLF) •

에 화이트와인이나 내추럴와인에서 신맛이 높은 경우가 많다.

말산을 구연산과 비슷한 용도로 쓸 수 있지만 가격과 맛에서 경쟁력이 낮아 구연산처럼 많이 쓰이지는 않는다. 칼로리를 낮춘 음료에서

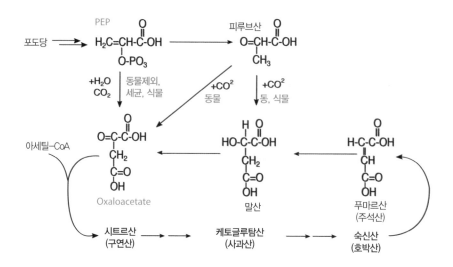

· 말산의 합성경로 ·

풍미를 보완하는 역할도 한다.

말산은 특히 풋사과(덜 익은 사과)의 신맛에 기여한다. 포도와 포도주가 대표적이고, 루바브(rhubab)는 말산의 함량이 높아 신맛이 가장 강한 채소에 속한다. 유기농으로 생산된 감귤류에서는 관행농으로 생산된 과일보다 많은 말산을 함유한다. 산미료가 보호물질의 하나이기 때문이다.

말산은 구연산 다음으로 일반적인 산으로 대부분의 베리류 과일에 존재한다. 말산은 구연산보다 신맛이 약간 강하며 풍부한 과일향에 기여한다.

구연산보다 흡습성이 적기 때문에 저장성과 보존성이 뛰어나다. 타

요리의 방점, 경이로운 신맛

타르산과 달리 그 칼슘과 마그네슘염도 물에 매우 잘 용해되기 때문에 경수 영역에 사용해도 아무런 문제가 없다. 음료에서는 저칼로리음료, 사과음료, 탄산음료, 무탄산 과일음료 등에 맛을 강화하고 색상을 안정화시키는 데 자주 사용된다. 그리고 사과산은 일부 설탕 대체물의 맛을 보완하는 목적으로 사용된다. 말산은 단독으로 사용하는 것보다 구연산과 혼합하여 사용하는 것이 더 좋은 풍미를 부여한다.

　말산은 생화학 과정에서 중요한 역할을 한다. TCA 회로에서 푸마르산 다음 단계에서 생성되거나 그리고 말산은 피루브산에서 이산화탄소와 결합하여 생성될 수도 있다. C4 식물의 경우 탄소고정 과정에서 이산화탄소를 옥살아세트산을 거쳐 말산으로 저장하였다가 다시 이산화탄소와 피루브산으로 분해되면서 캘빈회로에 이산화탄소를 공급하는 역할도 한다. 맛으로도 중요하고 생리적으로도 중요한 유기산이다.

Part
IV

다양한 산미료의
특성과 활용

1

신맛이 아닌
다른 목적으로 쓰이는 유기산

다양한 유기산

앞서 무기산과 에너지 대사에 핵심을 이루는 유기산에 대해 알아 보았는데, 사실 유기산의 이야기는 끝이 없다. 대사의 대부분이 유기산의 형태로 이루어지기 때문이다. 이들을 모두 간결히 정리하면 다음과 같은 그림이 될 것이다. 사실 이 한 장의 그림에 에너지 대사와 3대 영양소의 핵심이 모두 담겨져 있다.

요리의 방점. 경이로운 신맛

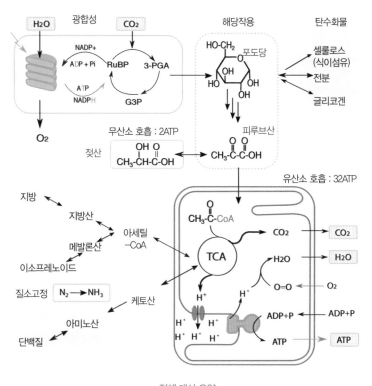

・ 전체 대사 요약 ・

아미노산을 만드는 유기산(케토산)

단백질을 구성하는 아미노산은 20가지인데, 이들은 포도당이 해당

과정과 TCA회로를 거치는 동안 5가지 경로를 거쳐 케토산이 만들어

지고, 거기에 아미노기(NH_3)가 결합하면 세린, 알라닌, 글루탐산, 아

스파트산 그리고 페닐알라닌이 만들어진다. 여기에서 3~5개의 아미노산이 파생되어 20가지 아미노산이 만들어진다. 모든 아미노산은 아미노기와 카복실기를 가지고 있다. 모든 아미노산이 카복실기를 가지고 있지만 아스파트산과 글루탐산은 추가로 카복실기가 하나가 더 있어 산성아미노산으로 불린다.

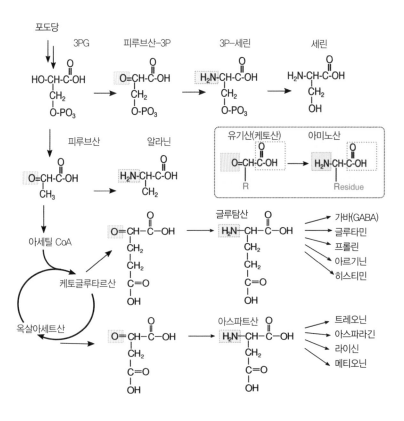

• 아미노산의 기본구조와 케토산 •

           요리의 방점, 경이로운 신맛

단백질을 구성하는 20가지 아미노산 중에 여기에서는 글루탐산의 발효에 대한 부분만 소개하고자 한다. 글루탐산에 대해서는 〈내 몸의 만능일꾼, 글루탐산〉자세히 다루었는데, 여기에서 글루탐산의 발효 공정을 소개하는 것은 앞서 소개한 젖산, 초산, 구연산의 발효와 공통점과 차이점을 비교해보면 발효와 미생물에 대한 이해에 도움이 될 것이라고 생각하기 때문이다.

글루탐산을 만드는 코리네균

코리네균은 타원 내지는 짧은 막대모양의 그람(Gram)양성균이다. 세균은 세포벽의 특성에 따라 크게 그람양성균와 그람음성균으로 나뉘는데, 그람양성균의 특징은 세포벽이 주로 펩티도글리칸peptidoglycan으로 되어 있다는 것이다. 그 두께가 20~80나노미터이고 무게는 균의 건조중량의 90퍼센트까지도 차지한다. 그람음성균은 펩티도글리칸이 7~8나노미터로 건조중량의 10퍼센트 정도를 차지한다.

펩티도글리칸은 기계적 강도는 강하지만 구조가 성기어 2나노미터 정도의 상당히 큰 분자도 투과할 수 있다. 그람양성균은 세포벽이 단단한 대신에 세포막이 얇아 투과성이 높고, 그람음성균은 세포벽이 얇아 물리적 강도가 약한 대신에 세포벽 안과 밖에 이중으로 존재하는 세포막 덕분에 투과성이 낮다. 덴마트 의사인 한스 크리스티안 그람Hans Christian Gram이 고안한 염색법으로 세균을 염색하면, 그람양성균과 그람음성균은 쉽게 구분할 수 있다. 두 균 모두 색소에 염색이 되는데, 그람양성균은 탈색 단계에서 차이를 보인다. 탈색제로 사용되는 알코올이 여러 층의 펩티도글리칸을 탈수시켜 분자 사이의 공간을 좁혀버린다. 그래서 그람양성균의 경우 색소가 밖으로 빠져나오지 못해 탈색되지 않는다. 반면에 그람음성균은 펩티도글리칸이 얇아 알코올에 의해 세포벽이 충분히 단단해지지 않으므로 색소가 쉽게 빠져나간다.

그람양성균은 생식세포인 내생포자endospore를 만들 수 있고, 내부에

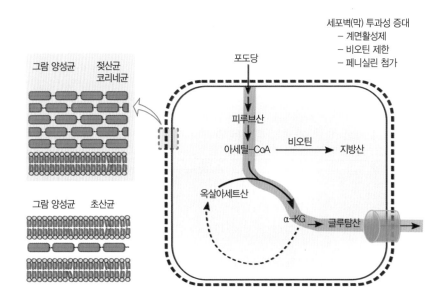

• 글루탐산의 생성과 배출 •

요리의 방점, 경이로운 신맛

서 만들어진 물질을 균체 밖으로 배출하는 특성이 있다. 그람음성균은 내생포자를 만들지 않고 세포막의 투과성이 낮아 세제, 약물, 염색 등에 강하다. 그람양성균 중에서 코리네균이나 유산균 같이 인간에게 이로운 물질을 배출하는 것은 유용하게 쓰인다. 코리네균은 글루탐산을 만들어 자신이 소비하지 않고 체외로 배출한다. 그래서 MSG를 대량 생산하는 데 사용된다.

글루탐산의 배출이 핵심이다

글루탐산의 합성은 균체 내부에서 일어난다. 따라서 글루탐산의 배출이 생산 못지않게 중요하다. 글루탐산은 단순히 농도 차이에 의해 수동적으로 배출되지 않으며, 균체가 에너지를 쓰면서 글루탐산 수송체를 이용해 배출하는 것으로 알려져 있다. 글루탐산이 세포막을 통과해 배출될 때 여러 조건의 영향을 받는다. 비오틴 제한, 페니실린의 첨가, 계면활성제 사용 등의 방법으로 세포막을 약하게 하면 글루탐산의 배출량이 늘어난다.

비오틴은 지방 합성에 필수적인 효소인 아세틸 CoA 카복실화효소 acetyl CoA carboxylase의 조효소다. 비오틴을 제한하면 세포막을 구성하는 지방산과 인지질의 합성이 극단적으로 줄어 세포막의 차단성이 약해진다. 페니실린같이 세균의 세포벽 합성을 억제하는 항생제를 사용해도 글루탐산의 배출을 늘릴 수 있다. 다만 페니실린은 세포벽이 없거나 이미 성장한(세포벽을 완성한) 세균에게는 영향이 적다. 계면활성제는 비누처럼 지방을 녹이는 특성이 있으므로 세포막이 손상되어 글루탐산의 배출이 촉진된다. 세포막에서 글루탐산 배출이 많아질수록 글루탐산의 생산성은 향상된다.

코리네균으로 다양한 물질을 만들 수 있다

1950년대 이후, 코리네균은 글루탐산뿐 아니라 식품, 사료, 의약품 등의 다양한 용도를 가진 소재를 생산하는 데 이용되고 있다. 특히 글루탐산, 라이신, 트레오닌, 페닐알라닌, 트립토판, 아르기닌, 메티오닌 등의 아미노산과 핵산 관련 물질을 산업적으로 생산하는 데 이용된다. 각 아미노산별 용도를 살펴보면, 현재 세계적으로 가장 많이 생산되는 글루탐산은 조미료인 MSG의 원료로 사용되고 아미노산 보충제로도 사용된다. 라이신, 트립토판, 메티오닌은 사람이나 동물의 체내에서 합성되지 않는 필수아미노산으로 식품이나 사료의 첨가물로 사용된다.

코리네균으로 다양한 아미노산 뿐 아니라 알코올, 유기산 등 수많은 화합물을 만들어낼 수 있다. 배지의 용존 산소 농도가 0.01ppm보다 낮은 상태에서는 에탄올, 젖산, 숙신산 등, 산소가 충분한 상태에서 만들어진 것과는 다른 산물이 나온다.

코리네균으로 만들 수 있는 다양한 유기물

분류	생산 물질
알코올	에탄올, 이소부탄올, 부탄올
유기산	젖산, 호박산, 사과산, 아디핀산, 푸마르산, 레불린산
당알코올	글리세롤, 소르비톨, 자일리톨
유기물	폴리아민, 락톤, 방향족 물질

2. 피루브산으로부터 만들어지는 아세틸 CoA

아세틸-CoA에서 지방산의 합성

지방은 3대 영양소이다. 생존을 위해서는 최소한 2% 이상의 지방이 필요하고, 아세틸-CoA의 축합반응으로 만들어진다. 지방의 분해(베타 산화)는 지방 합성의 역순으로 일어난다. 지방을 분해하면 아세틸-CoA가 대량으로 만들어지는 것이다. 아세틸-CoA의 함량이 적당하면 시트르산은 TCA회로를 통해 이산화탄소(O_2)와 물(H_2O)로 분해가 되지만 아세틸-CoA가 과다하면 TCA회로에서 처리하기 과다한 양의 시트르산이 만들어져 여분의 시트르산은 미토콘드리아 밖 세포질로 운반된다. 그리고 세포질에서 시트르산은 ATP시트르산분해효소(ATP citrate lyase)에 의해 아세틸-CoA와 옥살아세트산으로 분해된다. 옥살아세트산은 말산으로 전환되어 미토콘드리아 기질로 다시 돌아가지만, 세포질에는 많은 아세틸-CoA가 남게 되도 이 아세틸-CoA에서 지방산 합성 된다. 지방산의 합성은 아세틸-CoA 카복실화효소에 의해 말로닐-CoA가 되면서 진행이 된다. 이러한 합성은 간, 지방 조직, 젖을 분비하는 젖샘에서 주로 일어난다. 그리고 완성된 지방산은 글리세롤과 결합하여 중성지방으로 비축이 된다. 식물에서 지방산의 합성은 색소체(plastid, 엽록체가 대표적)에서 일어난다. 다가불포화지방산의 핵심적인 합성장소가 식물의 색소체인 것이다. 종자의 발아 및 어린 식물의 초기 생장을 지원하기 위해 많은 종자들은 기름(oil)을 저장하고 있다.

잉여의 포도당을 지방으로 비축하는 기작도 중요하지만, 지방에서 포도당을 재생하는 기능은 훨씬 중요하다. 인도 동부 비하르주의 무자파푸르 마을에선 매년 5~6월 사이 수많은 아동들이 고열을 비롯해 발작, 경련 등을 겪었다. 증상이 심각해지면 의식불명에 빠지거나 사망하는 경우도 발생했다. 2014년엔 환자 390명 가운데 122명이 숨지기도 했다. 무자파푸르 마을은 인도에서 최대 규모로 손꼽히는 리치 재배 지역이었고 연구진이 역학조사를 실시한 결과 질병을 앓은 아동들은 발병시기와 가까운 시일 안에 농장을 방문해 리치를 먹은 적이 있는 것으로 드러났다. 문제는 제대로 된 식사가 어려운 열악한 환경에 사는 아이들이 저녁 식사 대신 리치를 과도하게 섭취해 "야간 저혈당증"에 걸린 것이다. 리치를 먹은 어린이들이 모두 목숨을 잃은 것은 아니다. 일부 아이들은 가난으로 끼니를 반복적으로 굶어 영양상태가 매우 좋지 않은 저혈당인 상태였고, 그런 상태에서 배가 고파 허겁지겁 떨어진 리치를 주워 먹었고 그래서 치명적인 상태에 빠진 것이다.

요리의 방점, 경이로운 신맛

리치에는 하이포글리신(Hypoglycin)이라는 성분이 있는데, 이것은 지방산에서 포도당이 합성되는 과정을 방해한다.

그렇지 않아도 포도당이 부족한 상태에서 지방으로부터 포도당을 생성하는 기작이 억제되어 자는 동안 혈당치가 급격하게 낮아져 결국 사망에 이르게 된 것이었다. 하이포글리신은 다른 무환자나무과 Soapberry Family에 속하는 열매인 리치, 람부탄, 용안 등에도 존재한다. 덜 익은 리치에는 하이포글리신과 MCPG가 2~3배나 높게 함유돼 있어 공복상태에서 다량 섭취할 경우 구토·의식불명·사망에 이를 수 있어 각별히 주의해야 한다. 최근 식약처는 리치를 성인은 하루에 10개 이상, 어린이는 한번에 5개 이상 섭취하지 말라고 권고했다.

하이포글리신은 지방에서 포도당의 합성을 억제하지만, 반대로 포도당에서 지방의 합성을 억제하는 물질도 있다. 가르시니아나 캄보지아는 인도 남서부, 인도네시아 및 미얀마에서 자라는 열대과일인데 이 과일의 껍질의 추출물에는 다이어트에 효과적이라고 각광을 받는데 핵심성분은 껍질에 50~60%의 HCA(히드록시시트르산, hydroxycitric acid)이 있고, HCA는 분자구조가 구연산과 거의 똑같다. 그래서 구연산을 아세틸-CoA와 옥살아세트산으로 분해하는 효소(ATP citrate lyase)에 대신 결합하여 효소가 정상적으로 작용하지 못하게 한다. 아세틸-CoA가 생성되는 반응이 일어나지 않으므로 지방의 합성이 억제된다. 지방의 합성이 억제되므로 체지방 감소하고, 구연산의 소비가 적어지므로 식욕이 억제되고, 아세틸-CoA는 콜레스테롤과 같은

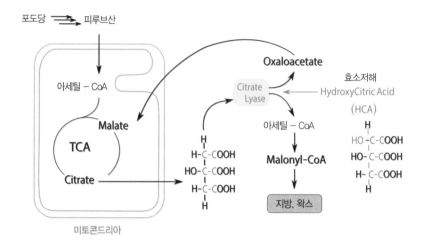

• 지방의 합성기작과 억제기작 •

이소프레노이드 합성의 기본물질이 되므로 콜레스테롤 합성 저하의 효과도 가져올 수 있다. 하지만 그 효과는 지속적이지는 않다.

케톤체(ketone body)

저탄고지 즉 탄수화물을 적게 먹고 지방을 많이 먹으면 지방의 분해에 의해 대량의 아세틸-CoA가 생성된다. 포도당이 없이 지방의 분해가 왕성하게 될 때 지방산의 약 40%는 케톤체로 분해되어 혈액 내에 방출된다. 코엔자임A는 판토텐산(비타민 B5)을 포함한 분자라 아세틸-CoA가 과도하면 아세틸-CoA 2분자가 축합하여 아세토아세틸-CoA와 코엔자임A로 전환하여 코엔자임A를 확보한다. 아세토아세틸-CoA는 아세토아세트산이 되고 아세토아세트산은 수소이온을 첨가하면 β-하이드록시뷰티르산이 되고, 이산화탄소가 떨어져나가면 아세톤이 된다. 이 3가지 물질을 케톤체라고 하는데 이들은 간에서 생성되어 혈액으로 방출된다. 미토콘드리아가 있는 모든 세포는 혈액으로부터 이런 케톤체를 흡수하여 다시 아세틸-CoA로 전환하여 TCA 회로의 연료로 사용할 수 있다. 그리고 유리 지방산과는 달리 케톤체는 혈액뇌장벽을 통과할 수 있다. 뇌는 보통은 거의 포도당에 의존하여 에너지를 얻는데, 저탄수화물 식이, 장기간의 심한 운동, 치료 받지 않은 제1형 당뇨병으로 인해 혈액에 케톤체가 많아지면 이런 케

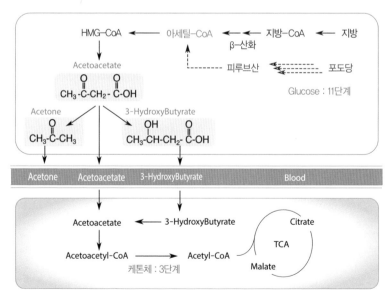

• 케톤체의 생성 및 이용 •

톤체를 이용하여 에너지를 얻을 수 있다.

아세토아세트산, β−히드록시부티르산을 강산성으로 혈액은 산성으로 기울어진다. 당질의 공급이 부족하면 혈중의 케톤체가 상승하여 케토산 혈중의 상태가 될 수 있다. 또 케톤체는 휘발성이 있어서 배출되는 숨에서 냄새로 감지할 수 있다.

지방산의 풍미

지방은 탄수화물, 단백질과 함께 3대 영양소의 하나이다. 그 만큼 많이 존재하고 맛과 향에도 매우 중요한 역할을 한다. 지방을 가수분해하면 글리세롤과 지방산이 되는데, 글리세롤은 약간의 단맛을 내며, 즉시 에너지원으로 쓰이는데 와인 등의 발효제품에 상당량이 남아 있는 경우가 있다.

지방산 중에 향기물질로 작동할만한 것은 탄소수가 10개 이하인 것인데 보통의 식용유에는 이처럼 짧은 지방산은 별로 없는데, 버터에는 상당량 존재하여 독특한 풍미를 낸다.

지방산을 탄소의 길이에 따라 장쇄(long chain), 중쇄(medium chain), 단쇄(short chain)으로 분류하는데, 14개 이상은 장쇄, 8~12개는 중쇄, 그 이하는 단쇄 지방산이다. 장쇄 지방산은 자체로는 향이 없지만 분해되면 향기물질이 된다. 예를 들어. 탄소길이가 18개인 리놀렌산과 리놀레산은 쉽게 12개와 6개짜리 조각으로 분해하는데 탄소 6개짜리 지방산이 식물 대부분에서 만들어지는 풋내 또는 풀냄새의 주인

요리의 방점, 경이로운 신맛

공이다. 이것 말고도 락톤, 자스몬, 노네날 같은 여러 향기물질이 만들어진다.

중쇄지방(MCT)이 최근 저탄고지 다이어트 등에서 각광을 받고 있는데, 통상 우리가 먹는 지방은 장쇄지방(LCT)이고, 장쇄 지방은 복잡한 소화·흡수 과정을 통해 체내에 흡수되는데 비해 MCT는 췌장에서 분비되는 지방분해효소(lipase) 없이도 장점막에 있는 효소에 의해 소화되므로 담즙산이 필요하지 않으며 문맥으로 직접 흡수되어 빠르게 에너지원으로 쓰인다. 야자유가 중쇄지방이 많은데, 천연 그대로는 탄소 12개짜리 로르산이 많다. 로르산은 10개 이하의 지방산보다 이용 속도가 많이 떨어지는 단점이 있다.

단쇄 지방산은 자극적인 냄새를 가지는데 발사믹 식초와 치즈에 특징적인 향을 제공한다. 체다치즈와 버터의 향은 부티르산과 카프로산이 주된 역할을 하고, 스위스치즈의 향은 프로피온산이 주 역할을 한

분류		종류와 향미
단쇄	C2, Acetic	sharp, pungent, sour, vinegar
	C3, Propionic	pungent, acidic, cheesy, vinegar
	C4, Butyric	sharp, dairy-like, cheesy, buttery
	C5, Valeric	cheesy, sweaty, sour milky, fruity
	C6, Hexanoic	cheesy, fruity, green
중쇄	C8 Octanoic	rancid, oily, vegetable, cheesy
	C10, Capric	soapy, waxy, fruity
	C12, Lauric	mild, fatty, coconut
장쇄	C14, Myristic	faint waxy, fatty
	C16, Palmitic	heavy waxy, creamy candle
	C18 이상	향으로 작동하지 못함

다. 초산, 부탄산, 헥산산, 옥탄산, 데칸산은 파마산치즈의 향에서 중요하다. 지방산의 길이가 길어질수록 자극취는 덜하고 크림이나 지방 느낌이 강해진다. 옥탄산은 블루치즈 향을 제공한다. 메틸 또는 에틸 치환기가 있는 경우 냄새가 특이해져 4-메틸옥탄산과 4-메틸노난산은 양고기와 염소 치즈의 특유한 향을 내게 한다. 그리고 자체의 풍미보다 알코올과 결합하여 에스터로 전환되면서 다양한 풍미효과를 부여한다.

단쇄지방(Schort chian triglyceride, SCT)의 효과

산미는 양날의 검처럼 작용하는데, 그 중에 특히 휘발성 산이 그렇다. 식품에서 물에 잘 녹는 성분은 주로 맛 성분으로 작용하고, 휘발성이 있고 기름에 잘 녹는 성분이 향으로 작용하는데 산미료는 보통 물에 잘 녹아 맛 성분으로 작용하는데 그 중에 분자량이 적은 것은 휘발성이 있어서 향으로도 작동한다. 이것을 휘발성 산(Volatile acid)이라고 하는데 이들은 신맛으로도 작용하고 휘발하여 찌르는 듯한 냄새 물질로도 작용한다. 식초의 초산, 발효유의 젖산, 치즈의 프로피온산(Propionic acid), 버터의 부티르산(Butyric acid)이 대표적이다. 코의 후각세포에 감각이 되려면 점액층을 통과해야 하므로 약간의 수용성이 있는 것이 빠르게 침투하여 감각이 된다. 그래서 초산, 프로피온산, 부티르산은 찌르는 듯한 냄새가 난다. 그런데 이들은 냄새에 비해 건강에는 좋은 효과가 있다고 한다.

요리의 방점, 경이로운 신맛

식이섬유는 인체의 소화효소에 의해 분해되지 않는 난소화성의 다당류인데 장내 세균은 이런 식이섬유로부터 초산, 프로피온산, 부티르산과 같은 단쇄지방산을 생성하여 장내미생물도 사용하지만 인체 내로 흡수되어 에너지원으로 사용된다. 식이섬유의 효능은 대장에서 미생물 발효에 의해 생성된 단쇄지방산과 밀접한 관련이 있는 것으로 이해되고 있다. 장 상피세포의 영양소로 작용할 뿐 아니라 장내 pH, 세포 증식 및 분화, 유전자 발현 조절 역할을 한다는 것이다. 단쇄지방산으로 장내 pH를 낮추어 유해균의 수를 감소시키고, 담즙산의 용해도 낮추고, 무기질 흡수 돕고, 암모니아의 흡수를 감소시키는 역할을 한다. 그래서 과민성 대장 증후군, 염증성 장질환 발병을 낮추고, 암, 심혈관질환, 비만의 위험을 감소며 손상된 대장의 재생을 촉진하고, 대장벽을 보호하는 기능을 한다는 것이다.

단쇄지방산 : 부티르산

단쇄 지방산 중에 초산은 앞부분에서 설명을 했고, 프로피온산은 나중에 보존료에서 설명을 할 것이고, 여기서는 부티르산을 설명하고자 한다. 부티르산(Butanoic acid, Butyric acid)은 탄소가 4개인 지방산으로 버터산 또는 낙산(酪酸)이라고도 한다, 버터에서 처음 발견되어 라틴어인 butyrum (또는 buturum)에서 유래한 말이다. 부티르산은 분자량이 작아서 휘발성이 있어 강력한 냄새물질로 작용한다. 버터나 치즈에는 다른 지방에 비해 길이가 짧은 지방산이 있어서 특유의 냄새가 있는데 부티르산이 주도적인 역할을 한다. 과거에 부티르산은 상한 음식에서 많이 생성되는 물질이라 부패취의 대명사였는데, 요즘은 버터와 치즈 (특히 블루치즈) 등에 워낙 익숙해진 탓인지 부정적인 태도는 많이 감소하였다. 자체로는 별로 매력적이지 않지만 다른 물질과 적절하게 혼합되면 풍미 향상에 기여한다.

부티르산은 향료나 피혁 등이 산업에도 사용되는 데, 고농도의 다량의 부티르산을 취급할 때는 고무 장갑 등 보호 장비를 사용해야 한다. 섭취하면 인후염, 기침, 작열감, 호흡곤란 등을 일으킬 수 있다. 눈과 접촉하면 통증, 화상, 시력 상실을 일으킬 수 있으며 피부에 노출 시 통증, 수포, 피부 화상을 일으킬 수 있으므로 접촉에 주의한다.

그런데 우리 몸에서 부티르산은 에너지원으로 사용되며 에너지 균형과 향상성에 영향을 준다. 그래서 당뇨, 비만, 염증, 면역조절에도 긍정적 영향을 준다. 그리고 포유류 대장의 상피세포에게는 가장 중요한 에너지원으로 작용한다. 부티르산이 없으면 대장 세포가 통제되지 않은 자가소화(autophagy)를 겪을 수 있다. 그리고 암에 대해서는 상반된 작용을 한다. 이것은 "butyrate paradox"라고 하는데 결장의 종양세포는 억제하고, 건강한 결장 상피 세포는 암 발생의 가능성을 높인다.

이소프레노이드

사람들은 지방은 알아도 이소프레노이드는 모르는 경우는 많은데,

요리의 방점, 경이로운 신맛

실제 인간을 포함한 동물에서 이소프레노이드의 합성은 정말 중요하다. 소화액인 담즙산, 세포막을 안정화하는 콜레스테롤, 성호르몬인 스테로이드류가 전부 이소프렌으로부터 만들어진 것이기 때문이다. 식물의 카로티노이드, 치클이나 고무도 이소프레노이드이다. 식물이 만드는 향기물질의 절반 정도가 터펜인데 터펜 또한 이소프레노이드이다.

세포질로 재출된 구연산으로부터 만들어진 아세틸−CoA는 2분자가 축합하여 아세토아세틸−CoA이 된 뒤 다시 한 번 아세틸−CoA와

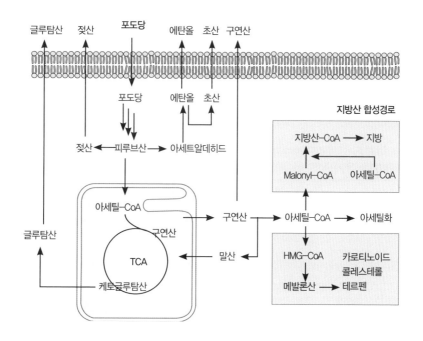

• 아세틸−CoA에서 지방과 이소프레노이드 합성 •

결합하여 β-하이드록시-β-메틸글루타릴-CoA(HMG-CoA)가 된다. 그리고 HMG-CoA 환원효소의 작용으로 메발론산이 된다. 메발론산으로부터 터펜, 콜레스테롤, 카로티노이드가 합성이 된다.

콜레스테롤은 그대로 세포막의 핵심성분이 되거나 동물에서는 결정적인 스테로이드 호르몬의 전구물질, 담즙산, 비타민 D의 원료 물질이 된다. 식물은 콜레스테롤 대신에 카로티노이드를 생산하여 광합성의 보조색소로 이용한다. 그리고 폴리케타이드(polyketide), 파이토케미컬(phytochemical)의 말로닐화, 왁스, 큐티클의 생성, 브라시노스테로이드(식물 호르몬) 등에 중요한 원료가 된다. 콜레스테롤이 과도하면 문제지만 콜레스테롤이 아예 없으면 그것 더욱 치명적이다.

3. 지방족 유기산과 방향족 유기산

지방족 유기산

지방산은 탄소의 숫자가 14~22개로 되었으면 장쇄, 8~12개 사이를 중쇄라고 한다. 6개 이하가 단쇄인데 부티르산보다 큰 지방산은 글리세롤과 결합하여 지방을 형성할 수 있지만 이보다 작은 탄소 1개인 포름산(Methanoic acid, Formic acid), 탄소 2개인 초산(Ethanoic acid, Acetic acid), 탄소3개인 프로피온산(Propanoic acid, Propionic acid)은 글리세롤과 결합하여 지방을 만들지 못한다.

요리의 방점, 경이로운 신맛

지방산의 종류와 명칭

구분	학술명	분자구조	관용명	이명
	1:0 Methanoic	H-COOH	포름산	Formic
	2:0 Ethanoic	CH3-COOH	아세트산/초산	Acetic
	3:0 Propanoic	CH3(CH2)-COOH	프로피온산	Propionic
SCT	4:0 Butanoic	CH3(CH2)2-COOH	부티르산	Butyric
	5:0 Pentanoic	CH3(CH2)3-COOH		Valeric
	6:0 Heptanoic	CH3(CH2)4-COOH		Caproic
MCT	8:0 Octanoic	CH3(CH2)6-COOH		Caprylic
	10:0 Decanoic	CH3(CH2)8-COOH		Capric
	12:0 Dodecanoic	CH3(CH2)10-COOH	로르산	Lauric
LCT	14:0 Tetradecanoic	CH3(CH2)12-COOH		Myristic
	16:0 Hexadecanoic	CH3(CH2)14-COOH		Palmitic
	18:0 Ocatadecanoic	CH3(CH2)16-COOH		Stearic
	20:0 Eicosanoic	CH3(CH2)18-COOH		Arachidic
	22:0 Docosanoic	CH3(CH2)20-COOH		Behenic

탄소수가 8~12개인 지방산을 MCT라고 하는데 Caproic acid, Caprylic acid, Capric acid, Lauric acid가 있다. 이중에서 로르산은 야자유에 많다. 중쇄지방은 탄소수가 14개 이상인 장쇄지방산과 다른 기작으로 소화 흡수되어 빠른 속도로 에너지원으로 사용된다. 단쇄지방은 탄화수소의 길이가 짧아서 유기산처럼 작용하지만 중쇄지방산 이상으로 탄소 사슬이 길어지면 카복실기의 효과는 상대적으로 작아져 물에 용해도도 급격히 낮아져 지방처럼 작용한다.

방향족 유기산, 살리실산

방향족 물질은 환형의 벤젠링을 가지고 있는 것이라 직선형인 지방족에 비해 서로 결합하는 힘은 약하다. 기본적으로 탄소수가 6개가 넘는 것들이라 보통의 산미료가 탄소2개에 카복실산이 1개 결합한 것보다 pH에 기여도도 낮고 용해성도 나쁘다.

방향족은 문자 그대로 향을 내는 물질이 많은데 가장 기본적인 형태가 페놀이다. 페놀(석탄산) 물질은 6개의 탄소 원자가 고리로 연결된 환구조에 수산기(–OH)가 결합된 것이다. 이 물질에 다양한 형태로 원자들이 추가되거나 고리가 추가되어 엄청나게 다양한 페놀 화합물을 형성한다. 그리고 계피·아니스·바닐라·타임·오레가노 등의 풍미를 결정하는 물질 들이 이 방향족 물질이다.

식물에서 살리실산(salicylic acid; SA; 2–hydroxybenzoic acid)은 식물 호르몬의 하나이다. 식물이 병원균에 감염되면 실리실산을 형성하여 방어기작에 관여하는 유전자의 발현을 촉진한다. 그 외에도 식물의 온도 조절, 노화 조절 등 다양한 기능을 한다. 기원전 5세기 경 히포크라테스는 버드나무 껍질로 만든 쓴 가루가 진통 해열 작용이 있다고 기록했고, 살리실산의 효능은 고대 수메르, 이집트, 앗시리아의 기록에도 남아 있다. 그러다 1828년 프랑스의 약학자 앙리 르루(Henri Leroux)는 버드나무 껍질에서 처음으로 살리신을 추출했다. 살리실산은 약효는 있었지만 독성이 상당하고 맛도 고약했다. 그러다 1897년 독일 바이엘 사의 연구원 펠릭스 호프만은 살리실산의 히드록시기를

요리의 방점, 경이로운 신맛

카복실기와 에스테르 반응을 시켰더니 부작용을 크게 줄었고, 먹기도 훨씬 쉬워졌다. 그것이 바로 최초의 합성 의약품 아스피린이다.

영국 국립보건청 연구개발 센터의 연구진은 아스피린이 인체 내에서 분해될 때 생기는 물질인 살리실산을 인체가 스스로 만들어낼 수

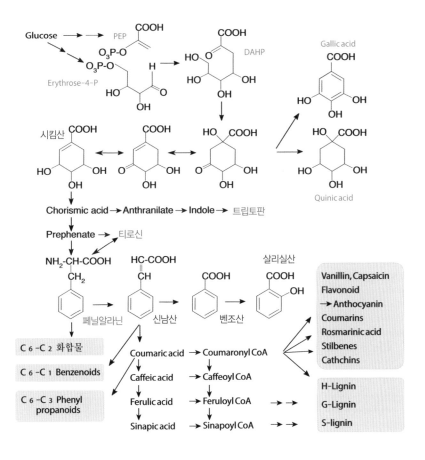

· 방향족 유기산 ·

있다는 증거를 발견했다. 아스피린이 진통과 소염효과를 발휘하는 것은 살리실산 때문인데 인체에서도 발견이 되는 것은 흥미로운 결과이다. 아스피린을 복용하지 않은 사람들의 핏속에서도 살리실산이 있는 것으로 밝혀지면서, 이들 연구진은 어떻게 해서 이런 일이 있을 수 있는지를 연구했다. 채식주의자들의 혈중 살리실산 수치가 훨씬 더 높아서 저용량 아스피린을 복용하는 사람들의 수치와 거의 비슷한 것으로 알려졌다. 그래서 살리신산은 과일과 채소에서 유래한 것으로 생각했는데 연구진은 벤조산을 복용한 사람들의 혈중 살리실산 수치가 변하는 것을 발견하고 인체 내에도 벤조산을 이용해서 살리실산을 만들어낼 가능성이 있다고 보고했다.

페놀산 : 클로로젠산(카페산+퀸산)

클로로젠산(chlorogenic acid, 이하 CGA)은 카페산(caffeic acid)과 퀸산(quinic acid)이 에스테르 결합을 한 것이다. 이름에 "클로로"가 있지만 염소(chloride)와 무관하고 그리스어로 밝은 녹색(khloros)과 게노스(γένος, 상승)를 합성한 말로 CGA가 산화될 때 생기는 녹색과 관련이 있다. CGA는 가지, 복숭아, 자두, 사과, 블루베리, 당근 등 여러 식물에 있지만 커피에 유난히 많다.

CGA는 커피 중에 아라비카종(4.1~7.9%)보다 로부스타종(6.1~11.3)에 많다. 이것은 원래 병원균, 초식동물, 온도, 영양물, 햇빛 등의 스트레스에 대응하기 위해 만들어진 물질이기 때문에 고지대에서 재배

요리의 방점, 경이로운 신맛

되는 아라비카종보다 더운 저지대에 재배되는 로부스타 종에 더 많이 필요하기 때문일 것이다. 그리고 CGA는 카페인의 함량과 관련이 되어 있다. 카페인도 아라비카(0.9~1.3%)종 보다 로부스터(1.5~2.5%)에 많은데, 카페인은 잎의 액포에서 생산되어 CGA복합체 형태로 이동된다. 카페인은 초식성 벌레들에 대한 방어수단이지만 카페인은 커피나무 자신에게도 생리적 방해물로 작용하기 때문에 자가 중독을 피하기 위한 수단이 필요하다. 그 역할을 CGA가 한다. 카페인은 CGA에 의해 세포의 구조물 안에서 따로 구분되어 축적되고 이동된다. CGA 이동에 따라 카페인의 분포가 달라지는데 잎 끝부분에는 많이 축적되고 중간 부분에는 농도가 현격히 낮다. 이는 CGA의 분포와 같다. 곤충 공격이 잎의 끝부분에서 시작되기 쉬워 이 부분의 농도를 높여 효율성을 높인 것이다. 커피나 초콜릿은 반려동물에 해로운데, 이것은 카페인이나 테오브로민 같은 메틸잔틴 물질이 구토 설사, 흥분, 이뇨, 심혈관계 이상 등의 증상을 일으키기 때문이다. 이렇듯 카페인은 방어물질로 작동하지만 모든 동물에 통하는 것은 아니다. 벌은 놀라울 정도로 카페인에 잘 견디고, 커피 천공충은 인간으로 치면 에스프레소 500잔에 해당하는 카페인을 견딘다.

CGA는 활성산소를 제거하는 산화억제제로 기능을 하는데 우리 몸에 항균, 간 보호, 심장보호, 항염증, 해열, 신경 보호, 항비만, 그리고 혈압을 약간 낮추어주는 기능도 한다. 식품에 항산화 기능으로는 빛에 의해 향기물질이 산화되는 경우가 있는데 많은데 항산화제인 루테인과 CGA가 시트랄 같은 빛에 민감한 냄새 물질의 산화를 억제할 수 있다. 루테인은 빛에 의해 이취가 발생하는데 비해 CGA는 이취가 발생하지 않는 장점이 있다. 하지만 커피를 하는 사람들은 이런 생리적 기능보다 맛과 향에 미치는 영향에 관심이 크다.

CGA은 생두에 많지만 로스팅 중에 카페산과 퀸산으로 분해되어 감소한다. 그렇게 만들어진 카페산과 퀸산은 저분자 싸이올과 결합하는 특성이 있어서 커피의 핵심 향기성분인 2-푸르푸릴싸이올을 줄이는 역할을 하고 쓴맛도 낸다. CGA의 분해는 로스팅의 정도에 따라 달라지는데 미디엄 로스팅에서 약 60% 정도 분해되고 강한 로스팅일수록 더 많이 분해된다. CGA 자체도 쓴맛을 주지만 그것에서 분해된 퀸산은 카페인보다 쓴맛이 10배 이상 강하고. CGA의 가열로 만들어진 클로로젠산락톤과 페닐린데인(Phenylindane)이 거칠고 쓴 맛에 결정적 역할을 한다. 그리고 향에도 영향을 주는데 카페산과 퀸산으로부터 만들어진 30여 가지의 페놀계 물질과, 카테콜 물질이 향기물질로 작용한다.

식물에서 유기산을 만드는 주요 경로는 해당작용과 TCA회로를 거치는 에너지 대사이지만 식물은 동물과 달리 대량의 리그닌을 만들어야 하기 때문에 리그닌 합성의 원료가 되는 페닐알라닌을 대량 만들어야 한다. 그래서 페닐알라닌을 만드는 과정에서 퀸산과 갈산(Gallic acid) 같은 유기산이 만들어지고, 페닐알라닌에서 리그닌으로 만드는 과정에서 시남산(cinnamic acid), 페룰산(ferulic acid), 쿠마르산

클로로겐산 CGA
Chlorogenic acid

클로로젠산 락돈(쓴맛)

카페인산

퀸산

4-methyl
catechol

Phenol

Hydroquinone

페닐린데인(Phenylindane)

· 클로로겐산에서 만들어지는 향기물질과 쓴맛 ·

(coumaric acid), 시링산(syringic acid) 같은 다양한 유기산과 독특한 풍
미를 가진 향기물질도 많이 만들어진다. 갈산는 고대 잉크의 원료이
기도 했지만 식물에서는 타닌 합성의 원료가 되기도 한다.

4. 모양이 특이한 락톤산

아스코브산(비타민C)

비타민 C로 잘 알려진 아스코르브산(ascorbic acid)은 다양한 식품에
사용된다. 괴혈병을 예방하고 치료하는 데 사용된다. 비타민 C는 콜

라겐 합성 등의 조효소로 중요하고 항산화제로도 중요하다. 이런 비타민 C는 1912년에 발견되어 1928년에 분리되었으며, 1933년에는 산업적으로 생산 된 최초의 비타민이다. 비타민 C의 세계 생산량은 2000년에 약 11만 톤으로 추정되었다.

보통 비타민C의 항산화제의 기능에 주목하지만 그것보다 중요한 것은 조효소로의 기능이다. 비타민 C는 전자공여자 역할을 하는 조효소로 다양한 생리 기능을 수행한다. 이런 능력 덕분에 콜라겐, 카르니틴 및 신경전달물질의 합성에 역할을 한다. 그리고 티로신의 합성과 이화 작용 등에도 중요하다.

- **콜라겐의 합성** : 콜라겐의 합성을 위해서는 프롤린과 라이신의 일부를 하이드록시프롤린과 하이드록시 라이신으로 전환하여 콜라겐 사슬 간에 좀 더 강한 수소결합이 가능하게 하여야 하는데 이런 기능을 하는 효소 3개(prolyl-3-hydroxylases, prolyl-4- hydroxylases, lysyl hydroxylases)가 비타민C를 조효소로 사용한다. 그러니 비타민C가 없으면 콜라겐이 정상적으로 합성되지 않아 큰 문제가 된다.
- **카르니틴의 합성** : 카르니틴의 합성에 필요한 2개의 효소(trimethyl-L-lysine hydroxylase, γ-butyrobetaine hydroxylase)가 비타민C를 조효소로 사용한다.
- **노르에피네프린의 합성** : 도파민에서 노르에피네프린을 합성하는 효소(Dopamine beta-hydroxylase)가 비타민C를 조효소로 사용한다.

요리의 방점, 경이로운 신맛

• **펩타이드 호르몬 합성** : Peptidylglycine alpha-amidating monooxygenase은 펩타이드 호르몬의 끝에 위치한 글리신에서 글리옥실레이트 부분을 제거하여 호르몬이 제대로 작동하게 하는데, 이 과정에 비타민C가 필요하다.

비타민C는 비타민 중에 가격이 저렴하고 맛이 상쾌한 신맛이다. 많은 비타민이나 미네랄 그리고 기능성 성분이 쓴맛 등 좋지 않는 맛 때문에 사용이 제한되는 것에 비하면 비타민C의 맛은 대단히 바람직한 형태인 것이다.

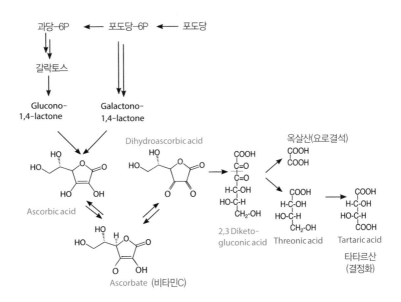

• 비타민C의 대사 •

그리고 식품에서 비타민C(아스코브산)는 산미료이자 항산화제이다. 제품에 신맛을 부여하지만 제품에 사용된 향료 등의 안정성을 높인다. 향료 성분 중에는 알데히드, 케톤, 에스테르처럼 산화에 불안정한 성분이 있는데, 아스코브산이 먼저 산화되면서 향기 성분이 산화되는 것을 억제한다. 그리고 과일 주스에서 갈변 억제제로 작용하지만 살균 과정에서 산화가 될 수 있다. 산화된 아스코브산은 갈변의 원인 물질이 될 수도 있다. 빛이 있는 상태에서는 아조색소(합성색소)의 −N=N− 결합을 파괴하여 색이 소실될 수 있다. 그리고 비타민C 갈변은 이취의 원인이 될 수 있다. 통조림 식품은 신선한 느낌을 유지하고 싶어도 가열 도중에 비타민C에 메일라드 반응이 일어나고 원하지 않던 가열 취가 만들어진다.

비타민 C는 항균제를 보조하는 역할도 한다. 과일의 산도(acidity)는 유독한 세균인 클로스트리디움 보툴리눔(Clostridium botulinum)의 증식을 막을 수 있기 때문에 과일을 100℃로 가열해서 통조림을 만들면 안전하게 보존할 수 있다. 산도가 낮은 야채나 육류를 통조림으로 보관할 때에는 보툴리눔 균을 확실히 멸균시키기 위해 이보다 더 높은 온도로 가열해야 한다. 보툴리누스 중독을 방지하는 효과가 있는 것이다.

GDL(글루코노−δ−락톤)과 글루콘산

두유액에는 4~5%의 단백질이 함유되어있고, 단백질은 중성에서는

요리의 방점, 경이로운 신맛

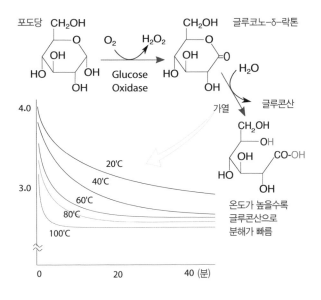

• GDL은 산미가 낮고 천천히 분해된다 •

마이너스 전하를 띄고 있다. 여기에 산을 첨가하여 pH를 낮추면 점차
마이너스 전하가 중화되어 반발력을 잃어 응집(cocagulation)이 된다.
콩단백질의 등전점인 4.5 근처에서 완전 중화되어 반발력이 상실되
고 단백질끼리 뭉치게 되어 용해도가 떨어진다. 이런 특성은 모든 산
미료가 부여할 수 있지만. GDL은 아주 천천히 차근 차근 완벽하게 응
고시키는 특별한 능력이 있다. GDL의 물에 대한 용해도는 20℃에서
100ml의 물에 59g이 녹을 정도로 매우 높다. 황산칼슘은 0.2g 정도
녹는 것에 비하면 정말 높다. 그런데 GDL은 황산칼슘보다 응고 반응
의 속도가 느리다.

GDL 자체로는 산으로 작용하지 않고 높은 온도로 가열할수록 글루콘산으로 변환되어 산으로 작용한다. 두유액과 완전히 섞인 후 가열에 의해 천천히 응고반응이 진행되어 GDL을 쓰면 부분적인 응고현상이 없고, 전체적으로 고르게 응고 반응이 일어나면서 치밀하고 강하게 응고된다. 연두부 제조 시 냉각한 두유액에 GDL을 혼합하고 이후 용기에 주입하고 밀봉하여 열수 중에서 가열하면 그때부터 글루콘산으로 전환되고 pH를 낮추어 단백질의 응집이 일어난다. 가장 완벽하게 혼합된 후 천천히 응고반응을 일으키므로 보수력이 있고 탄력이 풍부한 응고물이 된다. GDL는 독특한 용도의 산미료인 것이다.

5. 보존성을 높이는 유기산 : 프로피온산, 소브산, 벤조산

보존성을 높이는 방법

식품 중에서 보관이 가장 용이한 것은 수분이 적은 것들이다. 대표적인 것이 곡류다. 가축을 키우게 된 동기도 필요한 시기에 바로 잡아먹을 수 있다는 편이성 때문이었다. 사냥한 고기는 빨리 먹어야 하지만 가축은 죽이기 전까지는 품질이 보존된다. 따라서 선조는 여러 가지 보존기술을 개발해왔고 각자 나름의 장단점이 있다. 김치가 없는 민족에게 차(茶)는 기호품이 아니라 야채를 보존하여 겨울에 비타민을 공급받는 생존식이었고, 과일 잼은 설탕의 영양에 과일의 비타민이

요리의 방점, 경이로운 신맛

조합된 훌륭한 식품 보존 전략이었다. 지금처럼 열량이 흔한 시기에는 설탕이 비난받지만 열량이 부족한 과거에는 설탕이 약이었던 것처럼 말이다. 그리고 가장 광범위하게 오랫동안 사용된 방부제는 바로 소금이기도 하다. 소금 자체가 생존을 위해서 필요한 것이었지만 상하기 쉬운 생선을 보존가능하게 하여 인류의 생존을 도왔다. 이런 방법말고 극소량만 사용해도 식품의 보존성을 높일 수있는 특별한 원료를 찾으려 노력했는데, 그것이 보존료이다.

그렇게 발견된 보존료지만 사용 가능한 품목이 지정되어있을 뿐 아니라 사용 가능한 총량도 지정되어 있다. 예를 들어 잼류 1.0g/kg 이하라고 하면 소브산(Sorbic acid), 소브산칼륨, 소브산칼슘, 안식향산, 안식향산칼륨, 안식향산칼슘, 안식향산나트륨 등 사용량의 합계가 1.0g/kg 이하이어야 한다.

식품에 살균제, 방부제는 그 자체가 허용되지 않는다. 균의 생육을 억제하는 수준의 물질 즉, 상온에서 냉장고 역할을 할 정도의 약한 물질만 허용된다. 그래서 식품에 사용되는 보존료로는 세균도 죽이는 능력도 기대보다 떨어지고 인체에 피해도 없다.

식품에 가능한 보존료는 몇 종되지 않는다

보존료는 썼는지 안 썼는지, 얼마만큼 썼는지 그냥 봐서는 알 수가 없고 미생물을 억제하는 용도라고 하니 내 몸마저 손상시키는 것이 아닐까 하고 걱정하는 것은 어찌 보면 당연한 일이다. 하지만 보존료

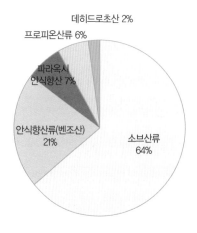

• 보존료 사용실태(2008년 식약처 조사결과) •

는 크게 보면 산미료의 일종이고 미생물을 죽이기보다는 활동을 정지
시키는 물질이다. 모든 산미료는 보존료의 기능을 하는데, 시큼한 맛
이 있어 적용이 곤란한 제품이 많아서 그중 가장 사용량 대비 효과가
좋은 것들을 지정하여, 이것들을 따로 보존료라는 부르게 되었다고
생각하면 이해가 쉬울 것이다. 식품에 허용되는 보존료는 몇 종 되지
않는다. 사실상 소브산, 안식향산, 프로피온산 3종이 전부이고(디하이
드로초산은 사용실적이 없어서 승인 취소되었고, OO나트륨, OO칼륨, OO칼
슘이라고 부르는 종류는 물에서 해리되어 원래의 물질인 OO이 보존료로 작용
하므로 사실상 같은 물질이다), 이들을 약간 변형한 물질이 있을 뿐이다.
이중 절반 넘게 많이 쓰이고 있는 것이 소브산이다.

소브산은 젖산과 비슷하고 사과산과도 비슷하다. 그래서 세균의 효

보존료와 다른 유기물의 LD50 비교

구분	원료명	LD50(rat)	소금 100 기준
보존료	소르빈산	10.5	29
	안식향산나트륨	2.0	150
	디하이드로 초산	1.0	300
	알코올	6~8	42
비타민	비타민 B12	4.0	75
	비타민 C	11.9	25
식품원료	소금	3.0	100
	젖산	3.7	81
	초산	3.1	97
	구연산	11.7	26
	MSG	19.9	15
	설탕	29.7	10

소는 소브산을 젖산이나 사과산으로 알고 덥석 결합한다. 원래대로면 작동후 분리되어야 하는데 생선가시처럼 이들 효소에서 좀처럼 빠질 생각을 안 한다. 즉 젖산을 피루브산으로, 사과산을 옥살아세트산으로 변환시키는 경로가 막혀 미생물이 억제되는 것이다. 사람과 미생물은 대사 경로나 효소의 시스템이 다르고 대사에 방해가 되는 물질을 분해하고 제거하는 해독 시스템 역시 미생물보다 훨씬 더 뛰어나기 때문에 인체에는 무해하다. 래트의 50% 치사율(LD50)을 알아보면 보존료인 소브산은 비타민 C보다는 조금 독성이 높고, 소금, 젖산, 초산보다는 3배 정도 비타민 B_{12}보다는 2.5배 안전하다.

프로피온산은 천연에 많다

2017년 한 수산물조합이 판매한 '마늘고추장굴비'에서 프로피온산이 175, 54ppm 검출된 사건이 있었다. 허가되지 않은 보존료가 검출돼 해당 식품은 판매가 중단되었다. 홍삼음료, 소 내장, 떡볶이에서도 검출되어 처벌을 받기도 했다. 식약처가 전통발효식품 364건을 분석한 결과 92건에서 보존료인 프로피온산이 검출되었는데 감식초의 경우 최고 1,410.2mg/kg까지 검출되었고, 액젓류 87.8%, 식초류 45.5%, 청국장 82.4%가 검출되었다고 한다. 그런데 왜 이런 전통발효식품에 프로피온산이 검출되는 것일까? 프로피온산은 특별한 물질이 아니라 초산과 뷰티르산 중간의 지방산으로 다양한 미생물의 대사작용을 통해 발효식품에서 쉽게 생성이 되는 물질이기 때문이다.

채소나 과일을 먹으면 소화 안 되는 섬유소 부분을 장내 세균이 분해하면서 프로피온산을 만든다. 스위스치즈의 경우 프로리오니박테르 스헤르만니 같은 세균이 지방을 분해하면서 이산화탄소와 프로피온산 등을 만든다. 이산화탄소가 치즈에 특유의 구멍을 만들고 프로피온산이 스위스 치즈 특유의 견과류 풍미를 낸다. 스위스 치즈 무게의 1%정도가 프로피온산이니 첨가물의 허용기준보다 3배 이상이 천연적으로 들어 있는 셈이다. 발효 시 보관 온도가 높고 시간이 오래될수록 많이 생기기 때문에 치즈, 묵은지, 짱아찌를 오래 묵힐수록 맛과 향이 깊어지면서 프로피온산의 검출량도 많아질 가능성이 있다.

프로피온산은 대장의 미생물이 만든 것이 흡수되어 우리의 피와 땀

속에도 상당량이 들어있다. 건강에 유익한 작용도 상당히 있다. 그래서 프로피온산은 일일섭취허용량(ADI)에 제한도 없고, 냄새도 강렬하여 많이 첨가할 수도 없는 산미료다.

그래서 식약처는 프로피온산이 보존효과를 전혀 나타내지 않는 수준인 0.1g/kg(100ppm) 이하에 대해서는 조건 없이 천연유래로 인정하기로 했다. 그리고 이어서 안식향산도 식품에 미량(0.02g/kg 이하)으로 남아있을 경우, 보존 효과를 나타낼 수 없어 인위적으로 첨가했다고 보기 힘드므로 천연유래로 인정한다고 하였다. 안식향산도 베리류 등에 자연적으로 존재하고 발효 등 식품 제조과정 중에도 생성될 수 있는 성분인데, 식품 제조 시 첨가하지 않았는데도 식품첨가물 성분이 미량 검출될 경우 영업자가 천연유래임을 입증해야 하는 부담이 있었던 것을 개선한 것이다. 식품에서 보존료는 걱정할 필요가없는 것이다.

안식향산의 역사는 생각보다 아주 길다

식품에 쓰이는 소브산과 안식향산은 원래는 자연에서 채취한 천연물이다. 안식향산은 원래 쪽동백나무 수액에서 채취했던 '벤조산'이라는 천연물질이다. 나쁜 기운을 물리쳐서 편안하게 안식(安息)을 시켜주는 향기성분이 있다고 해서 '안식향'이라는 이름을 가지게 됐다. 솔빈산도 북반구에 흔한 장미과의 마가목나무 열매에서 추출한 천연 유기산이다. 안식향산은 식물의 방어기작의 기본 물질이기도 하다. 식물이 공격을 받으면 아미노산인 페닐알라닌이 계피산으로 변환 후 계피산이 안식향산이 되고 안식향산이 살리실산이 된다. 살리실산이 약효는 있지만 먹기에 너무 힘들어 모양을 약간 바꾼 것이 최초의 합성약이자 지금도 가장 많이 생산되는 약인 아스피린이다. 벤조산은 계피산이나 살리실산보다 독성이 약하다.

안식향산은 이미 16세기에 발견되었다. 그리고 화학구조는 1832년에 밝혀지고, 1875년에 곰팡이 생육억제 능력이 있는 것이 밝혀지면서 식품보존료로 사용하기 시작했다. 안식향산의 보존료의 기능은 세포 내에 흡수되면서 일어난다. 안식향산이 흡수되어 세포 내 pH가 5 이하가 되면 포스포프럭토키나제(Phosphofructokinase)의 활성이 크게 감소하여 혐기적 포도당 대사가 95% 감소한다. 따라서 안식향산은 pH가 낮은 식품 즉, 산성을 가진 식품과 음료에 적합하다. 우리 몸의 혈액의 pH는 항상 7.2를 유지한다. 그리고 안식향산은 쉽게 배출되며 몸 안에 축적이 되지 않는 단순한 구조다. 안식향산의 작용 농도는 0.05~0.1%이다.

보존료에 대한 검증은 아주 오래전부터 있었다

1899년 미국의 식품 안전 정책을 총괄하던 기구의 수장 와일리는 안식향산의 위험성을 조사했다. 그리고 5년 동안 진행된 실험에서 '유독성'이라고 간주되는 증거를 단 한 건도 찾아내지 못했다. 하지만 안식향산이 식품의 부패를 막거나 지연시킨다면 분명 소화 시스템에도

요리의 방점, 경이로운 신맛

식품보존료의 항균성 (만능이 아니다)

	곰팡이	효모	호기성 포자균	혐기성 포자균	유산균	그람+	그람-
안식향산	○	○	○	○	○	○	○
소브산	◎	◎	○	×	×	○	○
디하이드로초산	◎		○	△	△	○	○
파라옥시안식향산	◎	◎	◎	○	○	◎	○
프로피온산	○	×	○	×	×	○	○

◎: 강력 ○: 보통 △: 미약 ×: 효과 없음

유해할 것이라고 확신한 그는 보고서를 적당히 포장하여 위험성을 과장하였다. 하지만 계속 유독성의 증거가 발견되지 않자 그는 '식품에 첨가된 소량의 화학첨가물은 유해하지 않을 수 있지만, 장기간 소량을 섭취하는 경우에도 위험하지 않다는 사실은 아직 입증되지 않았다'고 말을 바꾸었다. 100년전의 주장이 요즘의 첨가물에 대한 부정적인 표현과 별 차이가 없다. 보존료에 대한 부정적인 인식 때문에 천연물에서 보존료를 찾으려는 노력이 그 동안 엄청나게 이루어졌으나 지금까지 천연물을 이용한 보존료의 개발은 크게 성공적이지 못했다. 기존의 보존료보다 성능이나 안전성이 떨어지기 때문이다. 그렇게 많은 연구 중에 지금보다 더 안전한 물질이 발견되었다면 대체가 되었을 것이지만 사용되는 보존료는 100년 전과 차이가 없다.

전통의 보존기술도 보존료보다 안전한 것은 아니다. 소금의 피해도 만만치 않다. 소금에 절인 생선을 많이 먹는 지역은 위암이 많았다.

보존료의 독성은 소금보다 훨씬 적다. 첨가물의 사용으로 위암의 위험이 줄었고, 냉장고가 등장하고 싱겁게 먹으면서 위암이 크게 감소했다. 지금은 냉장기술, 살균기술의 발전 등으로 보존료의 사용 필요성이 크게 줄었고, 실제 사용량도 허용치보다 훨씬 적다.

그리고 보존료를 사용한다고 미생물 문제가 완전히 해결되지 않는다. 적절한 포장이 있어야 하고 살균을 통해 미생물을 적정 수준으로 떨어뜨려야 한다. 그리고 보존료의 종류에 따라 잘 작용하는 균도 있고 아닌 균도 있다. 가장 많이 사용되는 소브산만 해도 곰팡이와 효모는 아주 잘 억제되지만 혐기성균과 유산균에는 잘 작용하지 않는다. 그리고 안식향산의 경우 pH가 7 이상이 되어도 잘 작용하지 않는다.

6. 과하면 불편한 유기산 : 요산, 담즙산, 옥살산, 주석산, 피트산

요산(Uric acid)과 통풍

통풍은 요산이 축적되어 생기는 병이다. 혈류를 타고 다니던 요산이 관절 부위에 쌓이면 바늘 모양의 요산 결정체가 생긴다. 2006년에 발표된 〈네이처〉 논문은 요산 결정체가 어떻게 자가면역 반응을 일으키는지 그 원리를 처음 밝혔는데, 간단히 설명하면 이렇다. 몸속에 침입하는 외부 물질을 찾아 먹어치우는 면역 기능의 대식세포가 요산 결정체를 포식하면 대식세포 안에서 NLRP3 인플라마좀이라는 단백질 복합체가 형성된다. 이 인플라마좀은 캐스페이즈(caspase)-1이라는 효소를 활성화해 염증 유도인자인 인터루킨-1을 발생시킨다. 인플라마좀에 의한 염증성 유도인자 인터루킨-1의 과다 생성이 몸 속에 있는 면역세포들로 하여금 각 염증 부위의 세포들을 공격하게 한다. 이처럼 무릎 관절, 발가락 마디, 대뇌 피질의 세포들이 공격받으면서 서로 다른 자가면역 질환의 증상이 나타나는 것이다.

통풍은 1980년대까지만 해도 '귀족병' '부자병'이라 불릴 정도로 경제적 여유가 있는 사람이 잘 걸리던 병이었다. 하지만 먹을거리가 풍성해진 요즘엔 빈부격차를 넘어 다양한 연령층에서 발병하고, '바람만 불어도 아프다'고 할 만큼 극심한 통증을 유발한다. 통풍은 인체의 대사과정에서 생성된 요산이 발가락이나 복사뼈 등에서 결정체로 만들어져 통증을 일으키는 병이다. 통풍에 걸리면 한동안 꼼짝할 수 없을 만큼 통증이 극심하다. 요산결정이 인대와 관절 안쪽까지 침착되면 굳은살이 박힌 것처럼 보이고, 하얀색 요산결정이 보일 만큼 육안으로 식별할 수 있다. 통풍은 발끝처럼 심장에서 먼 부위에 주로 생긴다. 심장에서 먼 곳일수록 혈액 온도가 낮아 요산결정이 잘 만들어지기 때문이다. 엄지발가락에 통풍이 잘 생기는 것은 이 같은 이유다. 요산결정을 현미경으로 관찰하면 가시처럼 뾰족하고 날카롭다.

요산은 핵산의 한 종류인 퓨린이란 물질이 인체에서 분해되는 과정에서 생성되는 대사산물이다. 요산은 음식을 섭취할 때 생기지만 체내세포가 파괴되는 과정에서도 생긴다. 신장에서 걸러져 소변을 통해 몸 밖으로 배설되며, 소변으로 하루에 배출되는 양은 0.6~1.0g이다. 체내에 요산이 쌓여 혈중 요산 수치가 높아지는 증세를 고요산혈증이라고 하는데, 통풍 환자는 남성이 여성보다 9배 이상 많다. 이는 여성호르몬인 에스트로겐이 요산의 신장배설을 촉진해 혈중 요산수치를 낮추기 때문이다.

요산은 신장을 거쳐 소변으로 배출되는데, 이 기능에 문제가 있으면 통풍이 생긴다. 신장 질환이 있을 때도 통풍이 생기지만, 가족력으로 신장은 건강해도 유난히 요산 배설 기능만 떨어지는 경우도 많다. 잦은 음주 또한 통풍의 주요 원인이다. 특히 맥주는 신장의 요산 배설 기능을 억제한다. 유기산의 용해도는 생각보다 중요한 것이다.

담즙산과 담석

몸안에 돌덩어리가 생겨서 문제가 되는 것이 통풍, 담석, 요로결석 같은 것인데, 담석은 지방을 분해하는 소화효소인 쓸개즙이 담도나 쓸개에 쌓여 돌처럼 굳으면서 생기는 것이다. 80%는 수분이고 나머지 20%는 담즙산(65%), 인지질(20%), 단백질(4~5%), 콜레스테롤(4%), 빌리루빈(0.3%), 미량의 비타민, 호르몬 등으로 구성되어 있다. 담즙산은 간에서 직접 만들어지는 일차 담즙산(cholic acid, chenodeoxycholic acid)과 소장에서의 생성되는 이차 담즙산(deoxycholic acid, lithocholic acid, ursodeoxycholic acid)이 있다. 담즙 내 콜레스테롤 농도가 지나치게 높을 때에는 주성분이 콜레스테롤인 담석이, 만성 간질환이 생겼

요리의 방점, 경이로운 신맛

거나 세균에 감염됐을 때에는 주성분이 칼슘빌리루빈염인 색소성 담석이 생긴다. 1980년대 이전에는 대부분 색소성이었으나 요즘 젊은 층에서 많이 발견되는 것은 콜레스테롤 담석이라고 한다.

다이어트로 지방 섭취를 극도로 제한하면 담즙이 십이지장으로 배출되지 못하고 쓸개에 고인 상태로 농축되면서 담석을 유발할 수 있고, 여성의 경우 고령 임신이 증가하면서 쓸개의 수축 능력과 콜레스테롤 분해 능력이 떨어져 담석 발생이 늘어날 수도 있다. 그런데 이런 담석 생성에 결정적인 요인의 하나로 면역반응 꼽기도 한다.

그동안 담즙 내 칼슘과 콜레스테롤이 단단히 결합하면서 담석이 생긴다는 사실을 알고 있었지만 왜 이 두 성분이 왜 결합하는지에 대해서는 알지 못했는데 2019년 독일 에를랑겐-뉘른베르크대 의대 연구팀의 연구 결과에 의하면 그 주범이 병원균으로부터 우리 몸을 지키는 면역세포라는 것이다. 백혈구 중 가장 많이 존재하는 '호중구'가 DNA와 효소를 끈적끈적한 그물 형태로 내놓아 병원균을 잡는데 이것이 칼슘과 콜레스테롤을 굳히는 접착제 역할을 한다는 것이다. 그 결과를 바탕으로 칼슘과 콜레스테롤을 호중구와 함께 섞는 실험을 했더니 실제로 담석이 형성됐다.

옥살산(Oxalic acid, 수산)과 요로 결석

카복실산 중에서 카복실기가 2개 있는 간단한 유기산이다. 표백제의 주성분이며, 강한 환원제라 녹을 제거하거나 희토류 추출용으로도 쓴다. 문제는 칼슘 이온과 반응해 요로결석을 일으킬수 있는 물질이라는 것이다. 시금치를 비롯한 십자화과 식물들은 옥살산 이온을 많이 포함하고 있다. 야채 중 가장 함량이 높은 것은 파슬리로서, 100g당 1.70g의 옥살산이 있어서 100g당 0.97g인 시금치보다 1.7배 많다. 야채 내의 옥살산을 제거하는 쉬운 방법은 옥살산이 수용성인 것을 이용, 물에 넣고 데쳐서 옥살산이 빠져나오게 하는 것이다. 데치고난 뒤에도 찬 물에 헹궈주고, 데친 물은 버린다.

옥살산증(Oxalosis)은 글리옥실산염 대사에 이상이 생겨 신장에 칼슘옥살산염 결석이 형성되는 질병이다. 옥산살염은 모든 신장 결석에서 65~75%를 차지하는 주요 성분이다. 칼슘옥살산염은 용해되지 않기 때문에 콩팥, 요관, 방광, 요도로 이뤄진 요로에 돌이 형성된다. 또한 옥살산은 철 이온을 비롯한 금속 이온과 쉽게 결합할 수 있다. 만일 혈액에 옥살산의 농도가 급격하게 증가하면 혈액의 칼슘이온 농도가 현저하게 낮아진다. 칼슘 이온 역시 옥살산 이온과 잘 결합하기 때문이다. 칼슘 이온의 농도가 정상 이하로 떨어지면 신경 전달 신호 이상, 근육 수축 이상이 나타난다.

한편 부동액으로 사용되는 에틸렌글리콜은 단맛이 나는 분자로 알려져 있다. 자동차에서 새어 나온 혹은 차고에서 흘린 부동액을 핥아먹고 죽은 개나 고양이의 뉴스나, 부동액을 파란색 음료로 착각해서마시고 응급실로 실려 간 어린이의 뉴스 모두 옥살산 독성으로 인한것이다. 체내로 흡수된 에틸렌글리콜은 옥살산으로 산화되고, 과량의 옥살산은 대사 이상을 일으켜 동물 혹은 인간을 위험에 빠뜨리는 것이다.

또한 인체가 감당할 수 없을 정도로 과량 흡수된 비타민 C의 일부는 체내에서 옥살산으로 변하기도 한다. 그러므로 항산화제로 잘 알려진 비타민 C를 과도하게 섭취한 사람은 간혹 신장결석이 문제가 될 수도 있다.

그런데 왜 그 많은 유기산 중에 옥살산만 그런 기능이 있는 것일까? 옥살산은 좌우대칭으로 음전하의 산(acid) 구조를 2개를 가지고 있는데, 다른 유기산처럼 음전하를 통해 칼륨(K), 나트륨(Na), 철분(Fe), 칼슘(Ca) 같은 양이온의 미네랄과 결합할 수 있다. 문제는 다른 이온과 결합할 때는 물에 잘 녹고 큰 결정을 형성하지 않는데, 칼슘과 결합하면 칼슘-옥살산-칼슘-옥살산이 연달아 계속 결합하는 방식으로 큰 결정을 만든다는 것이다. 단순이 양이온과 결합하는 능력이 문제가 아니라 그 치밀하고 대칭적 반복구조를 만들 수 있는 능력이 문제인 것이다.

구연산은 산(acid) 구조를 3개나 가지고 있고, 칼슘과 아주 잘 결합하여 구연산 제조 시 생산된 구연산을 회수하기 위해 칼슘을 이용해 결정화 시키는 방법을 쓰기도 한다. 그런데 그런 구연산이 요로결석을 막는 역할도 한다. 옥살산구조에 구연산이 끼어들면 치밀한 구조를 만들 수 없기 때문이다.

시금치에 옥살산이 많기는 하지만 근대, 쑥, 콩, 견과류, 감자껍질,

통곡물, 치아씨드, 코코아와 초콜릿, 차와 일부 과일에도 상당량이 들어 있다. 그러니 시금치 대신 다른 것을 시금치보다 많이 먹으면 금방 시금치로 섭취하는 양을 훌쩍 넘어선다. 실제 차에는 그렇게 옥살산이 많지 않는데 매일 8온스의 아이스티를 16잔(3.8 리터)을 마시고 급성 옥살산 독성으로 사망한 사람도 있다.

그런데 식물만 옥살산을 만드는 것이 아니고 우리 몸에서도 탄수화물 대사, 글리신과 하이드록시프롤린 같은 아미노산 대사, 그리고 비타민C의 대사과정 등에서도 옥살산이 만들어지며 그 양이 식품을 통해 흡수되는 양보다 훨씬 많다.

더구나 옥살산은 식품에 있다고 바로 모두 흡수되는 것도 아니다. 5~15% 정도가 흡수되는데 칼슘이 있으면 흡수가 억제된다. 시금치에는 칼슘도 많아서 옥살산이 칼슘과 결합되기 때문에 흡수가 잘 안되고 옥살산은 중금속의 흡수도 억제할 수 있는 것이다. 몸에 좋다고 채소를 녹즙의 형태로 마신다면 몰라도 나물로 먹는 채소가 우리 몸에 문제를 일으킬 가능성은 별로 없다. 유제품을 통해 칼슘을 많이 먹으면 결석을 예방할 수 있다. 칼슘 하루 섭취량이 150mg(우유 반잔)인 사람이 800~900mg(우유 3잔)인 사람에 비해 신장결석 발생률이 30% 높았고. 유제품이외의 식품을 통한 칼슘 섭취는 하루 섭취량이 250mg인 그룹이 12%, 450mg인 그룹이 6%인 것에 비해 신장결석이 나타날 위험이 2배 높았다. 이것은 신장결석이 옥살산 칼슘으로 만들어지는데 칼슘을 많이 섭취하면 음식으로 섭취한 옥살산이 칼슘과

요리의 방점, 경이로운 신맛

결합해 흡수가 되지 않기 때문이다.

피트산(phytic acid, 피틴산)과 킬레이션

옥산살 말고 현미의 피트산도 논란이다. 그동안 현미 또는 통곡물
은 항암 작용, 혈당 강하, 변비 해소, 항산화 작용을 한다고 찬양했는
데 렉틴이나 피트산 같은 것이 독이 된다는 것이다. 피트산은 이노시
톨에 6개의 인산이 결합한 형태다. 그래서 이노시톨6인산(IP6)이라고
부르기도 한다. 그리고 외국에는 IP6으로 된 영양보충제도 있다.

한쪽은 피트산(IP6)이 미네랄 흡수를 저해하고 영양을 해치는 항영
양소(antinutrient) 또는 독이라고 하고, 한쪽에서는 영양소라고 찬양하
는 것이다. 심지어 항암효과도 있다고 주장한다. 피트산이 철분과 결
합하는 능력이 있어서 대장에서 철분이 축적되고 산화를 촉진하는 것
을 억제하여 대장암의 위험을 줄여준다는 것이다. 그 것 말고도 콩팥
에 결석이 생기는 것을 예방해준다는 주장도 있다.

우리는 인산(P)을 뼈의 형태로 보관하는데 식물은 피트산의 형태로
보관하면서 또한 자신을 지키는 수단으로 사용하는 것이다. 과량은
위험하고 소량은 유용한 미네랄이기 때문이다. 피트산에 결합된 6개
의 인산은 옥살산이나 다른 여러 유기산처럼 양이온(칼슘, 철, 마그네슘
등)과 결합하는 힘이 있다. 그것이 미네랄의 흡수를 막는 역할을 할지,
중금속의 흡수를 막는 역할을 하지 또는 미네랄을 적당한 속도로 흡
수하도록 속도를 조절하는 역할을 할지는 그 자체만으로는 판단하기

힘들다. 한때 식이섬유를 소화흡수는 안되고 미네랄의 흡수를 방해하는 아무 짝에도 쓸모없는 성분이라고 했던 시절이 있었다. 그러나 지금은 모두 찬양한다. 식이섬유의 성질이나 역할이 변한 것이 아니라 평판이 달라지는 것이다.

피티산은 피테이스(phytase)에 의해 다시 이노시톨과 인산으로 분해된다. 씨앗이 발아를 하는 순간이면 피타제로 피트산에 저장된 인산(P)을 다시 분해하여 활용하는 것이다. 반추동물은 장에 서식하는 세균의 도움으로 피트산을 분해하여 섭취하고, 채식을 오래 하다보면 장내 세균이 적응하여 피트산을 분해하는 능력이 증가하기도 한다. 장내세균에 따라 피트산의 영향이 많이 달라지는 것이다.

피트산은 미네랄의 흡수를 막는다는 주장과 암세포의 증식을 막고, 지방이 몸에 흡수되지 않게 도우며, 혈당을 낮추고, 중금속을 배출시키고, 과다한 활성산소를 없애는 등 좋은 효과를 낸다는 주장이 반대되는 주장이 아니라 같은 기능을 서로 다른 면을 보고 말한 것뿐이다. 다양한 유기산과 서로 얽히고설켜 서로를 경쟁하고 보조하는 역할을 하는 것이다. 사람 몸은 실험실의 시험관이 아니다. 너무나 다양한 변수가 상호작용을 한다.

주석산(Tartaric Acid)과 주석(酒石)

주석산은 강한 신맛이 난다. 단맛이 과도한 제품에 넣어서 맛의 균형을 잡는 목적으로도 사용한다. 과거에는 상당히 쓰였지만 지금은

요리의 방점, 경이로운 신맛

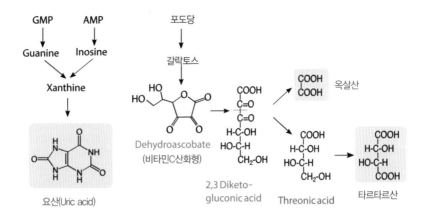

• 요산, 옥살산(수산), 타르타르산(주석산) •

구연산에 의해 대부분 대체되었다. 특별한 처리를 하지 않은 생포도
즙이나 포도주를 마시다 보면 미세한 유리조각처럼 생긴 찌꺼기가 남
는 경우가 많은데 이것이 바로 주석(酒石), 즉 주석산이 결정화하여 가
라앉은 것이다. 주석산(Tartaric acid)은 유기산으로 자연적으로 흔하게
존재하는 산은 아니지만 유독 포도에는 풍부하게 함유되어 있다. 원
래 포도에는 주석산보다 사과산이 많지만 포도가 익어감에 따라 사과
산의 함량은 급격히 감소하여 원래의 1/4이하로 줄지만 주석산은 줄
지 않고 그대로 유지된다. 이런 주석산은 사과산, 구연산과 함께 포도
와 와인의 풍미에 많은 영향을 준다. 적당한 산미는 향을 풍부하게 하
여 와인에 생동감과 입체감을 불어넣으며, 맛의 균형을 잡아준다.

이런 주석산이 포도 껍질이나 과육 안에 있는 칼륨이나 칼슘과 같은 미네랄과 결합하여 흰색의 결정체로 변하면 품질에 악영향을 준다. 주석산이 결정화된 주석은 무미무취의 결정체이며, 입자는 단단하고 광택을 띤다. 그리고 다른 결정체처럼 한 번 결정화 되면 좀처럼 녹지 않는다. 그리고 색소물질과 장시간 접촉하면 색소와 결합하여 착색이 되는데, 그런 이유로 화이트 와인에는 흰색의 주석 결정체가 발견되고 레드 와인에서는 붉은 색 주석 결정체가 발견 된다. 이런 결정체는 상품의 결점요인이 된다. 레드 와인은 그나마 숙성을 거치며, 타닌이나 적색 색소들과 같이 뭉쳐 침전물이 되기 때문에 자연스럽게 보이나 화이트 와인은 흰색 결정체로 뚜렷하게 이질적으로 눈에 띄게 된다. 이러한 문제를 줄이기 위해 와인 생산자들은 병입 직전에 와인 안에 있는 주석산의 양을 줄이고자 한다. 바로 저온에서 미리 결정화를 시키는 것이다. 대부분의 유기물은 저온에서 용해도가 떨어지기 때문에 포도 주스나 와인을 보관한 탱크의 온도를 영하 5도 정도로 낮추어 1주일 정도를 방치한다. 그러면 많은 양의 주석산이 결정화되고 이것을 필터로 제거하는 방법을 사용하는 것이다. 물론 이것도 완전한 방법은 아니어서 와인을 병에 담은 후 찬 온도에서 오래 보관하면 결정화 하지 않았던 주석산이 결정화 될 수 있다. 그리고 용액에 다른 성분이 많을수록 결정화가 천천히 이루어지기 때문에 확률적으로는 오래도록 잘 숙성된 빈티지 와인에서 주석이 발견될 확률이 더 높다.

 타타르산은 칼슘이나 마그네슘과 염을 형성하는 경향이 구연산보다 강하다. 경수를 사용하여 불투명 한 타타르산 염의 침전물이 생성

요리의 방점, 경이로운 신맛

되는 경향이 있으며, 이러한 조건에서는 용해도가 높은 구연산을 사용하는 것이 바람직하다.

7. 향의 원료가 되는 유기산

앞서 산미료의 역할에서 산미료는 음식에 단순히 신맛을 부여하는 것이 아니라 다른 맛과 어울리면 풍미를 증폭시키는 역할을 한다고 하였는데, 적당한 농도까지는 산미료를 늘리면 신맛이 늘어나는 것이 아니라 전체적인 풍미가 높아지고 향이 강해지는 것처럼 느껴진다. 그리고 산미료는 자체로 향이 되기도 한다. 분자량이 적은 것 중에서

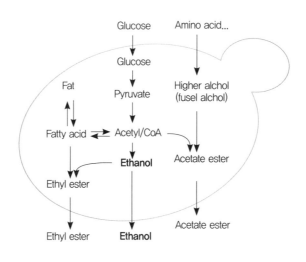

물에 잘 녹으면 맛 성분이 되고, 기름에 잘 녹으면 향성분이 되는 경향이 있는데, 지방산 중에 분자량이 작으면 물에 잘 녹고 휘발성마저 있어서 맛과 향으로 동시에 작용한다. 식초의 초산이나 치즈의 프로피온산 같은 것이 대표적이다. 그리고 뷰티르산(butyric acid)도 강력한 향기물질이다. 지방산은 분자량이 커질수록 휘발성이 적어지고 기름에 가까운 냄새가 되나 탄소길이가 12개 이하는 향에서도 중요한 역할을 한다. 그리고 지방산이나 유기산이 풍미에서 중요한 것은 자체의 향보다 그것으로부터 만들어지는 에스터류 향기물질 때문이다.

알코올과 유기산/지방산이 결합하면 에스터가 되는데, 에스터는 식품에 사용하는 향기 물질 중에는 가장 많은 종류를 차지한다. 다른 향기물질은 효소에 의해 단계적 전환으로 만들어지기 때문에 그 변신에 한계가 있지만 에스테르는 10가지 유기산과 10가지 알코올이 만나면 100종류의 에스테르가 합성되기 때문에 정말 다양한 종류가 있다. 향기물질 중에 에스터 계통이 종류의 40%를 차지하기도 한다.

과일의 풍부하고 다양한 향과 술의 다양한 향이 이들 에스터 덕분이다. 당류에서 만들어지는 다양한 유기산과 알코올류가 결합하여 수백 가지 에스터류가 만들어지는 것이다.

에스테르를 워낙 종류가 많아서 그 특성을 다 알기는 힘들지만 탄소 수 12개 이하 특히, 탄소 수 6개 이하의 지방산과 알코올로 만들어진 에스터가 과일의 향에 중요한 역할을 한다. 그래서 멜론, 사과, 파인애플, 딸기 등의 향에 에스터류가 많다. 술의 에스터 중에 가장 풍부한 것은 에틸 아세테이트로, 아세틸 CoA와 알코올이 에스터 반응을 통해 만들어 진다. 둘 다 워낙 많이 만들어지는 것이라 그것의 에스터인 에틸아세테이트도 그만큼 많이 만들어진다.

과일과 발효식품의 다양하고 풍부한 향의 비밀이 에스터에 있다면 에스터의 절반을 이루는 것이 유기산과 지방산이니 에스터 향의 절반은 산미료 덕분이라고 할 수 있을 것이다. 과일, 술, 치즈, 장류 등을 먹을 때 향이 풍부하다면 그것의 산으로부터 만들어진.에스터류 덕분이겠구나 해도 별로 틀리지 않은 것이다.

포도당을 분해하여 에너지를 얻는 과정에서 만들어진 유기산도 향의 원료로 중요하지만 단백질(아미노산)이 합성되고 분해되는 과정에서 만들어진 유기산, 알코올도 향의 원료로 중요하다. 그 중에서 특히 류신, 이소류신, 발린 같은 분지형아미노산은 독특한 가지 구조를 가져서 그것에서 만들어진 에스터류 향도 독특하고 역치도 낮아서 양에 비해 중요한 역할을 하는 경우가 많다. 지방산에서 유래한 독특한 향기물질이 락톤인데, 락톤은 과일 등에 약간씩 함유되어 부드러움과 달콤함을 주는 역할을 한다. 락톤은 대체로 에스터와 유사한 향을 가지는데 우유와 버터에서도 매우 중요한 향이다. 지방산에서 만들어진 락톤이 없다면 복숭아, 크림, 코코넛 등은 완전히 맛이 달라질 것이다.

신맛과 산미료에 대한 이야기를 한다면서 에너지 대사가 많이 등장했다. 유기물의 시작은 광합성인데, 광합성은 유기산으로 이루어졌다. 광합성으로 만들어진 포도당은 폴리머를 형성하여 전분이나 셀룰로스가 되지만 인간은 섭취한 포도당을 분해하여 에너지를 얻는데 쓴다. 포도당을 2분자의 피루브산으로 분해하는 것은 대부분의 생명에

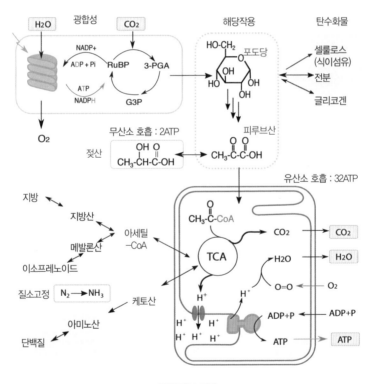

• 전체 대사 요약 •

서 공통적인 경로이다. 진핵세포는 미토콘드리아가 있어서 피루브산을 산소를 이용하여 완전연소를 하여 막대한 에너지를 얻을 수 있으므로 세균보다 1만배나 큰 덩치를 유지할 수 있다. 해당작용과 TCA 회로는 지방산의 합성과 아미노산의 합성에도 필수적인 과정이다. 따라서 아래 그림은 생명의 대사의 80% 이상을 설명하는 그림인 셈이다. 나머지는 종류는 많아도 그 양은 많지 않다. 지금까지 유기산의 설명을 통해 이 그림이 조금은 더 친숙하게 받아들여진다면 이 책은 나름 충분히 역할을 한 셈이다.

산미료 활용의 예

산미료를 선택할 때는 먼저 용도를 고려한다. 단순히 신맛을 부여할 목적으로 사용하는 경우도 있지만 보존성을 높이기 위해, 물성을 개선하기 위해, 미네랄의 흡수를 돕기 위해, 반죽의 특성을 개량하기 위해, 캔디에서 설탕의 결정화를 억제하기 위해서 등 수많은 목적이 있다.

목적에 맞는 산미료와 함량을 결정하는데, 제품에 따라 고체/분말/액체 등 제품의 외형도 중요할 수도 있고, 가격 및 공급특성도 고려의 대상이다. 제품에 따라 보관 및 취급조건과 우리나라에 사용량이 허

산미료 목적

| 신맛부여 | 산도조절 | 보존성 | Fe, Cu 착화물 |

신맛 특성
- 신맛의 강도
- 산미료의 풍미
- 신맛 profile

목표 pH
- pH 낮춤 : 보존성 응집, 겔화
- pH 유지 : 버퍼
- pH 상승 : 용해도

미생물 억제
- 타겟 미생물
- 약산 vs 강산
- 보존료

금속염 봉쇄
- 항산화 보조
- 색소 안정
- 미네럴 흡수

Ca, Mg 착화물

용해도 향상

• 산미료 선택 시 고려사항 •

용된 제품인지, 사용량 제한은 있는지도 살펴야 한다. 보존료는 사용 가능 제품과 사용량이 엄격히 제한된다.

2. 음료와 유산균 제품

음료에서 산미료의 역할

음료시장에서 산미료를 가장 많이 쓴다. 음료는 시장 자체도 크지만 가격대비 제품의 용량도 큰 편이어서 그런 제품에 적당한 산미를 부여하기 위해서는 많은 양이 산미료가 필요하다. 대부분의 음료는 pH가 4.0 이하의 산성이다. pH가 낮으면 미생물의 성장이 억제된다. 따라서 살균온도를 낮추고 살균 시간을 줄일 수 있다. 높은 온도에 오

pH와 살균온도의 관계

	pH	살균온도
저산성	〉5.9	〉110℃
약산성	4.5 ~ 5.0	〉105℃
산성 식품	3.7 ~ 4.5	90 ~ 100℃
고산성 식품	〈 3.7	75~80℃

과일 종류별 당산비 예

과일	당함량%	산함량%	당산비	향 특성
포도	16	0.2	80	다양. 품종마다 다름
감	14	0.2	70	호박
바나나	18	0.3	60	풋내, 꽃, 정향
배	10	0.2	50	
수박	9	0.2	45	풋내, 오이
블루베리	11	0.3	37	향신료
망고	14	0.5	28	코코넛, 복숭아, 캐러멜
복숭아	10	0.4	25	크림, 아몬드
자두	10	0.6	17	아몬드, 향신료, 꽃
사과	10	0.8	13	다양. 품종마다 다름
오렌지	10	1.2	8	꽃, 사향(유황),향신료
딸기	6	1	6	풋내, 캐러멜, 파인애플
파인애플	12	2	6	캐러멜, 고기, 정향, 바닐라
토마토	3	0.5	6	풋내, 사향, 캐러멜
라즈베리	6	1.6	4	꽃(제비꽃)
자몽	6	2	3	사향, 녹채, 고기, 금속
패션프루츠	8	3	3	꽃, 사향
레몬	2	5	0.4	꽃, 소나무

요리의 방점, 경이로운 신맛

래 가열할수록 가열취는 증가하고 신선한 향은 감소하는데, 이런 품질의 손상을 줄일 수 있다. 만약에 산에 의한 보존효과가 없다면 과일음료마저 레토르트 멸균을 해야 할 것이고, 가열취가 발생하여 음료의 품질이 떨어질 뿐 아니라 PET 용기는 레토르트 온도를 견디지 못하기 때문에 지금의 투명하고 편리하고 PET용기의 음료는 모두 사라질 것이다. 제품의 pH는 살균 정도를 결정하는데 결정적인 지표가 된다.

산미료는 신맛과 당산비에 의한 맛의 균형을 만들어 준다. 음식에 간이 맞지 않으면 맛이 없는 것처럼 음료에 당산비가 맞지 않으면 제맛이 나지 않는다. 그리고 산미료는 금속염을 킬레이션하여 색과 향의 변화를 억제한다. 분말음료의 경우 인산염 등으로 케이킹 현상을 억제할 수 있다.

유음료(유단백질을 포함한 음료)

탈지분유와 같은 단백질을 음료에 사용하려고 하면 산미료를 첨가하는 순간 pH가 낮아지면서 단백질이 등전점을 지나면서 부분적인 응집이 일어나는 경우가 있다. 이럴 때는 탈지분유를 먼저 넣고 나중에 산미료를 넣는 것이 아니라 미리 산미료를 넣어 등전점보다 훨씬 낮게 pH를 맞추고 탈지분유를 첨가한다. 그러면 등전점을 통과하면서 생기는 침전물 발생이 없다. 단백질의 용해도가 얼마나 미묘한 현상인지 알 수 있는 사례이다.

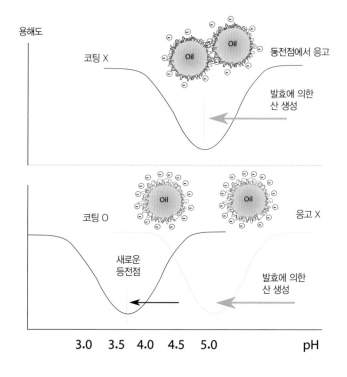

• 코팅에 의한 유단백질 안정성 향상 •

3. 치즈와 유제품

유가공 제품에는 인산염과 구연산염이 많이 쓰인다. 이 두 가지 모두 칼슘과 결합하는 능력이 커서 우유단백질을 붙잡고 있는 칼슘을 제거하여 우유단백질이 잘 풀리게 하는 역할을 한다. 그래서 이들을 용해 염(Melting salt)이라고도 한다. 인산염은 우유를 건조하여 분말화하는 제품에도 많이 쓰인다.

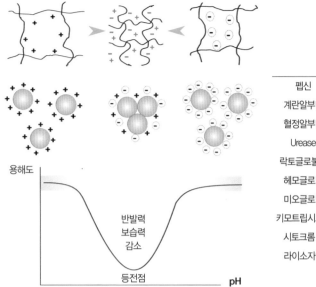

	pI
펩신	<1.0
계란알부민	4.6
혈정알부민	4.9
Urease	5.0
락토글로불린	5.2
헤모글로빈	6.8
미오글로빈	7.0
키모트립시노겐	9.5
시토크롬 C	10.7
라이소자임	11.0

• 단백질의 pH 및 등전점 효과 •

pH의 조정은 유가공에서 중요하다. 우유에서 단백질인 카제인을 분리하는 과정에서도 그렇다. 단백질에는 등전점이 있고, 등전점 부근에서 가장 용해도가 낮아 응집되어 석출이 된다. 우유는 여러 가지 형태로 가공되는데 단백질(카제인)만 따로 분리하여 사용하기도 한다. 카제인은 워낙 작은 입자로 물에 녹아 있어서 채로 거르는 것과 같은 물리적인 방법으로는 분리할 수 없다. 하지만 산미료를 넣어주면 응집이 되어 바닥에 가라앉는다. 이것을 분리하여 소량의 수산화나트륨으로 신맛을 제거하면 '카제인나트륨'이 된다. 달리 카제인나트륨은 물에 잘 녹아서 활용하기도 쉽다. 그리고 카제인나트륨은 우리의 위에 들어가면 강한 산성의 위액에 의해 본래의 카제인이 된다.

치즈의 겔화방법 : 산 응고, 효소 응고, 농축

우유 단백질의 80%까지 카세인 미셀과 관련되어 있다. 그리고 카세인은 음전하를 띠고 있어서 지방구 끼리 서로 반발하며 안정적인 유화상태를 유지한다. 이 구조를 깨야 응집이 일어나고 치즈를 만들 수 있다. 우유의 유화를 불안정하게 하는 가장 간단한 방법은 단백질의 전기적 중화이다. 우유의 지방은 단백질에 의해 감싸져 있고, 커다란 단백질의 입체적 표면 효과와 단백질의 극성에 의한 전기적 반발력으로 지방구 끼리 서로 엉키지 않고 균일한 상태를 유지한다. 여기에 적당량의 산을 첨가하면 pH가 우유 단백질의 등전점인 4.6에 도달하게 된다. 그러면 전기적 반발력이 사라져 단백질끼리 서로 결합하게 된다.

식품에서 유화를 안정시키는 가장 강력한 힘은 유화제가 가진 친수성과 소수성이 아니라 전기적 반발력이다. 지방구 끼리 서로 닿지 않게 하는 입체적 방해력(steric hinderance)도 결코 전기적 반발력보다 효과가 크지 않고, 친수성과 소수성의 조절에 의한 표면장력의 감소 효과도 전기적 반발력에는 미치지 못한다.

치즈는 이런 산 응고 보다 효소에 의한 응고제품이 많은데 렌넷rennet이라는 우유응고효소를 사용한다. 렌넷은 키모신chymosin같은 몇 개의 단백질 분해 효소를 합한 것으로 작은 양의 렌넷을 우유에 첨가하면 κ-카제인의 2/3지점인 105번 아미노산과 106번 아미노산 사이의 결합이 분해되는데, 친수성이 높은 부분이 절단되어 제거되므로 지방구가 응집이 되어 치즈가 된다. 이런 응유효소를 이용하지 않고 pH를 4.6 정도로 낮추어 산 응고를 시킨 제품도 있다.

4. 젤리와 제과 제품

젤리제품에서 산미료는 적당한 신맛을 부여하여 풍미를 높이는 역할을 한다. 그리고 pH를 낮추어 보존성을 높이거나 대장균의 사멸을 돕는다. 동일한 생산라인과 생산조건에서 제품을 때도 산도 있는 제품이 대장균이 남아있을 가능성이 훨씬 낮다. 젤리를 만들 때 펙틴 같은 겔화제를 사용할 때는 pH를 낮추어야 겔화가 잘 된다. 산미료는 킬레이트 능력이 있어서 제품의 항산화력을 높아지고 제품에 첨가한 비타민이 보다 장기간 안정되게 유지되고 색도 오래 지속된다.

캔디의 제조에서는 산미의 부여뿐 아니라 설탕의 결정 및 재결정에 영향을 주고 가열에 의해 설탕이 이성화되는데 촉매 역할도 한다.

젤리, 배합에 산을 첨가하면 통상 30분에서 1시간 이내에 사용해야 하는 이유
젤리 배합을 할 때는 생산의 효율성을 높이기 위해 대량으로 만들지 않고 30분 사용량 정도로 작게 한다. 왜냐하면 겔화제는 대부분 내산성이 떨어지기 때문이다. 즉 배합물에 산을 첨가하면 겔화제의 용해도가 감소한다. 즉 겔화제가 완전히 펼쳐져 가장 많은 수분을 붙잡은 상태에서 점점 오그라져 물을 붙잡는 양이 적어진다. 가장 펼쳐진 상태에서 겔화를 시켜야 최대의 겔 강도가 나오는데 산을 첨가하면 겔화제는 점점 오그라든 상태가 되면서 물을 붙잡는 능력이 떨어지는데 30분 정도가 지나면 원하는 겔 강도가 나오지 않을 가능성이 높다. 겔화제의 조성에 따라 이런 시간을 엄격하게 지켜야 하는 배합이 있고 덜 민감한 배합도 있다.

젤리의 이수현상

젤리를 만들고 시간이 지나면 표면에 물이 빠져나오는 이수현상은 젤리 개발에서 가장 골치 아픈 문제의 하나이다. 외관을 손상시키고 미생물이 발생할 가능성도 높아진다. 겔이 단단할수록 수축하려는 힘이 커져서 이수가 많이 발생하는 경향이 있다. 산미료가 물성이 미치는 대표적인 현상이다.

젤리를 충전 후 살균을 하면 원래보다 강도가 떨어지는 경향이 있는데, 살균온도가 높을수록, pH가 낮을수록 그 경향이 심해진다.

요리의 방점, 경이로운 신맛

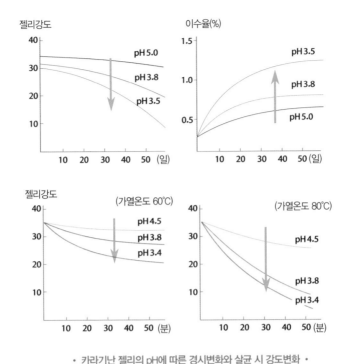

• 카라기난 젤리의 pH에 따른 경시변화와 살균 시 강도변화 •

5. 제빵, 제면

　빵에서 산미료는 pH조정이나 신맛의 부여 기능보다는 팽창제의 기능을 보조한다든지, 산도조절제(알칼리)의 역할로 단백질의 용해도가 높이는 기능, 반죽의 특성을 개선하는 기능 등을 한다. 그리고 효모의 생육에 필요한 미네랄을 보충하는 기능도하고, 산화나 산패에 관여하는 효소의 작용을 억제하기도 한다.

　빵을 만들 때 산도조절제의 대표적인 기능은 팽창제인 베이킹소다

(NaHCO₃)와 관련이 되어 있다. 베이킹 소다에 산을 첨가하면 이산화탄소가 분리된다.

$$NaHCO_3 + H^+ \rightarrow Na^+ + CO_2 + H_2O$$

베이킹소다는 속효성과 지효성이 있다. 속효성은 상온에서 작동하고, 지효성은 오븐에 굽기 시작할 때까지는 반응하지 않는다. 베이킹 분말에 이 두 가지를 같이 구현하는 것은 굽기 전에 충분히 부풀지 못한 것도 굽는 과정에서 충분히 부풀게 하여 품질의 안정성을 높이기 위한 것이다. 보통 저온용에서는 주석산과 인산칼슘(monocalcium phosphate)이 쓰이고 고온용에서는 황산알루미늄나트륨, 황산알루미늄인산, 산성피로인산나트륨 등이 사용된다. MCP를 팽창제로 쓰면 2/3정도는 상온에서 반죽할 때 2분 이내에 반응하고, 1/3 정도는 중간물질인 칼슘이인산이 되어 반응이 지연되다가 60도 이상으로 가열되면 반응하여 나머지 가스를 발생시키기도 한다.

6. 육가공과 수산가공

육가공에서도 유가공과 마찬가지로 단백질과 관련하여 인산염이 많이 쓰인다. 여러 산도조절제는 고기단백질이 잘 풀어져 보수력을 높이고 고기를 부드럽게 한다. 분쇄육에 점성을 부여하고, 수분을 잘 유지하게 한다. 고기의 색과 맛을 향상 시킨다. 그리고 미생물의 증식

요리의 방점, 경이로운 신맛

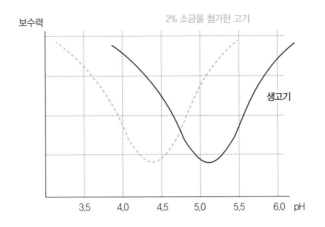

• pH에 따른 육단백질의 용해도 •

을 막고 이취의 발생도 억제한다.

고기의 주성분은 단백질이라 산미료를 사용하면 pH가 낮아지면서 용해도가 떨어진다. 등전점에 이르면 단백질의 용해도가 가장 떨어져 고기는 수축하고 보수력은 떨어져 육즙이 쉽게 빠져나온다. 햄·소시지 생산 시 품질에 영향을 미치는 가장 중요한 요인은 보수력이다. 고기의 보수력이란 고기를 세절, 압착, 열처리 등을 할 때 고기가 함유한 수분을 잃지 않고 계속 보유할 수 있는 능력을 말하는데, 햄·소시지 생산 시 육단백질은 고기가 함유하고 있는 자체 수분 이외에도 고기양의 약 25~50% 정도 되는 첨가수를 흡수하여 유지할 수 있어야 한다.

사후강직 시 육단백질의 보수력이 현저히 감소되는데, 이 중 1/3은

pH저하에 의한 것이고, 나머지 2/3는 근육 내 ATP의 고갈 때문인 것으로 보고되었다. 보통의 고기에는 ATP와 같은 효과를 얻기 위해 인산염을 첨가한다. 인산염은 근육을 액틴과 미오신으로 분리된 상태를 만들어 수분을 결합할 수 있는 단백질 구조 사이의 공간을 넓혀주고, 고기의 pH를 0.1~0.2 정도 높이고, 이온강도를 높여줌으로써 육단백질의 용해도를 높여 보수력을 증진시킨다. 육 단백질은 양전하와 음전하를 가지는데 같은 극이면 반발하고 반대 극이면 끌어당긴다. 등전점에서 반발력 적어 보수성이 적고, 등전점을 벗어나면 단백질구조 사이에 반발력이 증가하여 물을 함유할 수 있는 공간은 넓어지게 되어 보수력이 증가한다.

도살 후 근육은 산소 공급이 중단되면서 무산소호흡에 의해 글리코겐이 젖산으로 분해되면서 유산소 호흡에 비해 소량의 ATP를 생성하게 된다. 이때 생성된 젖산이 근육 조직 내에 축적되어 고기의 pH가 낮아진. 육단백질의 등전점은 pH 5.0~5.4인데 사후 강직 시 고기의 pH는 5.4까지 떨어져 단백질 사이의 공간은 최소가 되고 보수력도 가장 낮아진다. 공정지연으로 첨가된 당류가 미생물에 의해 분해되어 젖산이 생성될 수 있는데, 이것도 보수력을 낮추는 원인이 된다. 일반적으로 햄·소시지의 제조에 이용되는 원료육의 pH는 5.8~6.2 정도인데, pH가 5.7이하인 고기를 사용하면 만족할 만한 품질의 제품을 생산하기 어렵다. 동일한 배합비에서도 많은 수분의 분리현상이 나타날 수가 있다. pH는 육가공의 품질을 결정하는 핵심적인 요인이다.

요리의 방점, 경이로운 신맛

비타민 C는 산미료로 작용하지만 아질산의 사용량을 줄이는 목적으로도 쓰인다. 아질산을 산화질소로 환원시켜 소량으로도 작용이 가능하게 한다. 그리고 항산화제 기능을 하므로 육색소의 안정화에도 기여하며 다른 산미료도 수소이온을 공급하므로 비타민C를 다시 환원하는데 도움을 준다.

7. 요리에서 산미료의 역할

음식에서 산미료의 역할은 시큼한 신맛을 부여하는 것이 전부가 아니다. 어떤 경우 맛의 균형을 잡아서 요리가 훨씬 맛있게 느껴지게 하거나, 섬세한 맛을 모두 드러내게 하여 풍미가 단조롭지 않고 풍부하게 해 준다. 사실 신맛이 입에서 침이 나오게 하는데 가장 강력한 요인인데, 침이 나오는 자체가 음식을 맛있게 느끼는 것의 시작이다.

책의 앞부분에서 산미료가 용해도에 미치는 영향에 대해 설명했지만, 요리에도 똑같이 적용된다. 많은 경우 용해도를 낮추고 단단하게 만드는 역할을 한다. 산이 들어가면 식재료 중에 생기 넘치던 녹색이 흐릿해지는 경우가 있는데, 녹색을 내는 색소의 용해도가 산성에서 감소할 수도 있지만 색이 변하는 근본적인 이유는 녹색을 띄는 주 역할을 하는 엽록소에서 마그네슘 이온이 빠져나오고 그 자리를 수소이온이 차지하면서 색이 약해지기 때문이다. 이런 경우 산을 최대한 나

중에 첨가하거나 채소를 데친 후에 첨가하기도 한다. 베이킹소다를 첨가하면 알칼리가 되면서 엽록소는 피톨(phytol)기가 떨어져 나가고 보다 수용성이면서 청록색인 분자(Chlorophyllide)가 되면서 색이 선명해진다. 하지만 알칼리는 섬유소를 약하게 하여 채소의 아삭거리는 식감이 떨어지고, 수용성 비타민 등의 손실이 일어난다. 적색이나 보라색 등을 나타내는 안토시아닌계 색소 등은 pH에 따라 색이 달라지는데 대체로 pH가 높아지면 진한 적색이나 자주색을 띄는 경향이 있어 색이 더 강화된다.

콩을 삶을 때 베이킹소다와 같은 알칼리를 소량 추가하면 용해도가 증가하므로 좀 더 부드럽게 익는데, 산을 첨가하면 반대로 단단하게 익는다. 채소와 과일을 좀 더 단단하게 익히려면 미리 칼슘용액에 침지하는 방법도 가능하지만 일반적으로 사용되지 않고 식초나 레드와인 같은 산 물질을 미리 첨가하는 방법을 쓴다. 드레싱도 상당량의 산이 포함되어 있으므로 단단하게 만드는 경향이 있다.

산은 단백질을 변성(풀림)시켜 응고시키는 경향이 있으므로 달걀을 삶을 때 미리 산을 첨가하면 흰자 부분을 빨리 응고시켜 겉은 단단하고, 속(노른자)는 부드러운 달걀을 만들기 쉬워진다. 흰자로 거품을 일으킬 때도 산이 빠른 속도로 더 풍성한 거품을 내는데 도움을 줄 수 있다. 유제품을 이용한 요리에서도 우유 단백질에도 계란의 단백질과 유사한 효과를 주며, 생선과 고기 요리에서도 단백질이 변성(풀림)되어 서로 엉키게 되어 좀 더 단단하게 응고되므로 탄력을 높일 수 있다. 이런 효과는 단순히 첨가하는 산성물질의 양뿐 아니라 첨가의 순서/타이밍의 영향을 많이 받으므로 단순히 첨가량뿐 아니라 순서의 효과에도 관심을 기울여야 한다.

고온에서 장시간 열처리를 하는 레토르트 식품의 경우 유기물의 분해에 의해 아세트산 같은 산성 물질이 만들어져 제품의 pH가 떨어지고 그것에 따라 제품의 색과 맛이 변하는 경우가 있다. 그래서 미리 중조를 추가하여 pH의 변화를 줄이기도 한다. 레토르트 식품 말고 고온에서 하는 요리에서도 이런 반응이 일어나는데, 고온에 의해 캐러멜 반응, 마이야르 반응으로 향기성분이 만들어질 뿐 아니라, 리그닌 같은 유기물의 분해로 초산 같은 유기산도 만드는 것이다. 그것이 휘발하지 않고 제품에 남으면 제품의 풍미와 특성에 영향을 준다.

식초와 비린내의 억제

신선한 생선은 향이 별로 없다. 그런데 생선을 상온에 보관하면 금방 비린내가 나기 시작한다. 비린내는 주로 트리메틸아민(TMA) 때문인데, 생선의 몸에 산화형(TMAO, 트리메틸아민옥사이드)으로 보관되었던 것이 생선이 죽은 뒤 다시 TMA로 분해되면서 비린내가 나기 시작한다. TMA는 인지질 등이 분해되면서 소량씩 만들어지는데, 생선은 그 분자를 배출하지 않고 산화형으로 만들어 체내에 보관한다. TMAO가 바닷물의 삼투압에 의해 수분이 빼앗기는 것을 막고, 수압에 의해 단백질이 변성되는 것도 막아주기 때문이다.

과거에 생선에 비린내를 줄이는 방법으로 레몬즙을 뿌리는 것이 많이 추천된 것은 TMA는 알칼리성 물질이라 산성이 되면 용해도가 증가하고 휘발성이 감소하여 비린내가 훨씬 덜 느껴지기 때문이다.

코로 냄새를 맡을 때는 별로 비린내가 안 나던 생선이 먹을 때는 비린내가 강해지는 것은 입에서 온도가 올라가 휘발성이 증가하고, 침에 의해 산이 중화되어 pH가 올라가 TMA의 휘발성이 증가하기 때문이다.

요리의 방점, 경이로운 신맛

알칼리 제제의 활용

탄산염, 구연산염, 인산염, 폴리인산염

탄산나트륨은 pH가 10.3, (탄산일 경우 pH 6.4)으로 알칼리성이다. 산도조절제와 팽창제 등 다양한 용도로 쓰인다. 녹차 음료등에서 레토르트 멸균을 하는 과정에서 pH가 낮아지는 것을 억제하는 용도로도 쓰인다.

$$2NaHCO_3 \rightarrow Na_2CO_3 + H_2O + CO_2$$

탄산수소나트륨은 중조 또는 베이킹소다라고 하는데 빵의 팽창제로 많이 쓰이기 때문이다. 효모 이용해 발효를 하면 포도당을 분해하여 이산화탄소가 만들어지지만 베이킹소다는 가열을 하면 분자가 탄

$$HO\text{-}H + \overset{\displaystyle O}{\underset{\displaystyle O}{\underset{\|}{\overset{\|}{C}}}} \longleftrightarrow \overset{\displaystyle O}{\underset{HO \quad OH}{\overset{\|}{C}}} \longleftrightarrow \overset{\displaystyle O}{\underset{HO \quad O\text{-}Na}{\overset{\|}{C}}} \longleftrightarrow \overset{\displaystyle O}{\underset{Na\text{-}O \quad O\text{-}Na}{\overset{\|}{C}}}$$

물 + 이산화탄소　　탄산(H_2CO_3)　　탄산수소나트륨　　　　탄산나트륨(Na_2CO_3)
　　　　　　　　　　　　　　　　　　베이킹소다
　　　　　　　　　　　　　　　　　　중탄산나트륨, 중조

$$2NaHCO_3 \xrightarrow{\text{가열(Baking)}} NaCO_3 + CO_2 + 2H_2O$$

$$NaHCO_3 + HA(산) \xrightarrow{H_2O} NaA(염) + \underline{H_2CO_3}$$
$$\longrightarrow CO_2 + H_2O$$

• 탄산수소나트륨의 분자구조 및 활용 •

산나트륨, 이산화탄소 그리고 물로 분해되어 팽창제로 작용한다. 비타민C정제 중에는 탄산수소나트륨을 포함시켜 산이 포함된 물에 넣으면 거품이 일면서 물에 녹기도 한다.

　그리고 탄산수소나트륨은 연마작용, 중화작용, 연수작용, 탈취작용, 흡습작용, 발포작용을 한다. 더구나 인체와 환경에 영향도 적다. 분해되면 나트륨, 이산화탄소, 물만 남기 때문이다. 탄산수소나트륨은 알칼리성이라 세척력이 좋아 주방용품의 세척이나 빨래, 과일을 씻을 때도 사용할 수 있다. 심지어 발바닥의 각질에도 쓰인다. 이빨을 닦을 때, 세수할 때도 일부 섞어서 쓰기도 한다.

구연산염

▶ 수용액은 약한 알칼리성이며 5% 용액의 pH는 7.6 ~ 8.6이다.

요리의 방점, 경이로운 신맛

▶ 식품에 완충작용, 유화 안정작용에 널리 사용.

▶ 청량음료 등에 구연산을 사용할 때 산미를 완화할 목적으로 구연산과 같이 첨가한다. 구연산 자체의 기호도가 높아서 많이 사용되며 젤리나 시럽을 만들 때 겔화제의 용해를 돕기 위해 사용하기도 한다. 치즈 제조시 단백질의 용해도를 높이는 역할도 한다.

인산염/ 폴리인산염

▶ pH 조정 : 인산염은 인산염의 중합도와 나트륨이나 칼륨의 치환도에 따라 산성에서 알칼리성까지 넓은 pH를 가지고 있어서 다양한 용도의 pH 조정능력이 있다.

▶ 이온 가교 결합력이 있어서 양이온을 붙잡거나 안티케이킹제의 역할을 한다.

▶ 폴리인산염은 단백질이나 검류와 작용을 잘한다.

▶ 금속이온 봉쇄작용: 금속이온과 착화물 형성하여 금속이온이 비타민C 분해를 억제하고 색소를 퇴색시키거나 변색하는 것을 방지한다. 또한 식품에서 금속이온의 맛과 냄새가 나는 것을 억제한다.

▶ 분산작용: 물에 용해하기 힘든 물질을 현탁안정액으로 만들어 분산 응집방지.

▶ 결정생성 방지: 난용성 물질의 결정 석출 방지.

▶ 단백질과 펩타이드의 가용화, 보수성 증가, 물의 침투 향상.

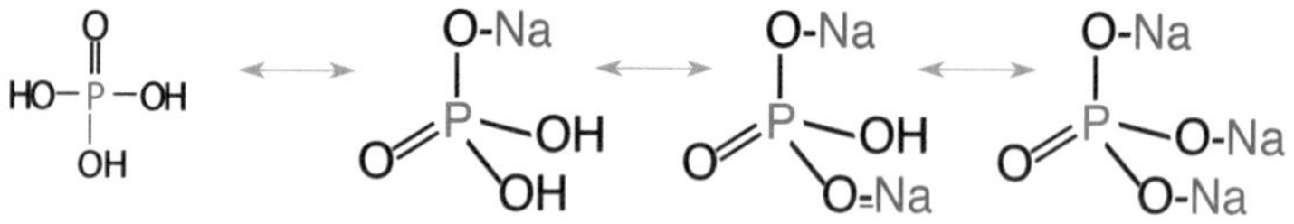

인산(H3PO4)
정인산(Ortho~, Mono)

제1인산나트륨

제2인산나트륨

제3인산나트륨
정인산나트륨(Na3PO4)

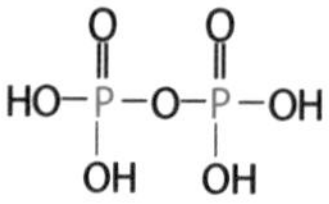

피로인산(H4P207)
Pyro~, Diphosphate

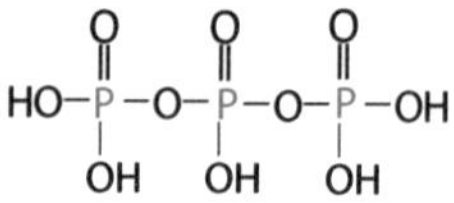

트리폴리인산(H5P3O10)

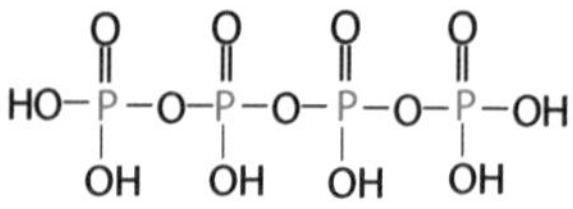

테트라폴리인산(H6P4O13)

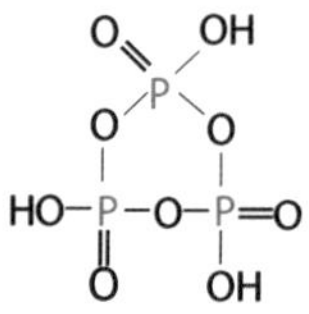

트리메타인산

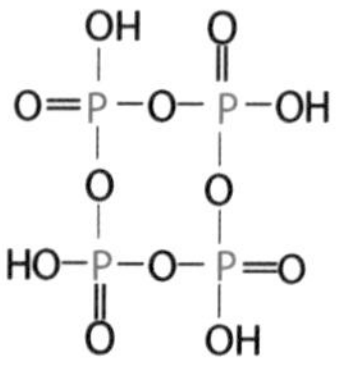

테트라메타인산

· 인산염의 구조및 이름 ·

요리의 방점, 경이로운 신맛

생명의 대사는
유기산으로 연결되어 있다

내가 산미료에 대한 책을 쓰게 될지는 정말 몰랐다. 신맛을 좋아하지도 않았고, 연구소에 근무하면서 산미료라고 써본 것이라고는 구연산과 구연산나트륨이 거의 전부였기 때문이다. 작년 까지만 해도 누가 나에게 산미료에 관한 책을 쓰자고 하면 많이 당혹스러웠을 것이다. 책을 쓰기는 커녕 컬럼 하나 쓰기도 난감했을 것이기 때문이다.

그런데 〈내 몸에 만능일꾼, 글루탐산〉을 쓰면서 유기산에 대해 달리 생각하기 시작하는 계기가 되었다. 단백질을 구성하는 20가지 아미노산 중에 하나인 글루탐산 하나를 가지고 책을 쓰다 보니 한 가지 분자를 여러 측면에서 살펴보는 훈련이 되었고, 유기산도 그렇게 여러 측면에서 살펴보게 되었다. 조금씩 자료가 늘어나고, 정리하다보니, 언제부터인지 유기산의 의미가 전혀 새롭게 다가왔다.

자료를 찾고 정리하다보니 먼저 무기산의 생산량이 엄청나게 많아서 놀랐고, 유기산은 연결된 것이 너무 많아서 놀랐다. 식물은 물과 이산화탄소에 땅속에 소량의 미네랄을 흡수하면서 자라는데 그 미네랄의 핵심적인 형태가 질산, 황산, 인산, 탄산과 같은 무기산의 형태이이었다.

　땅과 식물이 무기산으로 연결되어 있고, 광합성과 호흡이 유기산으로 연결되어 있다. 여기에 지방산과 아미노산 그리고 유전자의 핵산을 합하면 생명 활동의 대부분을 유기산을 통해 이해할 수도 있는 것이다. 생명 현상은 결국 유기산으로 연결되었고, 우리 몸에서 가장 많이 만들어지고, 가장 많이 소비되는 것이 결국 유기산이라는 사실을 알게 되었다. 책을 쓰면서 유기산으로 에너지 대사와 생명현상의 기원을 추적해보는 작업이 즐거웠었다.

　유기산! 알고 보면 정말 끝도 없는 깊이가 있는 주제인 것 같다. 워낙 짧은 기간의 정리 작업이다 보니, 미처 생각하지 못한 것이나, 제대로 챙기지 못한 것도 많을 것 같다. 하지만 워낙 산미료에 대해 정리된 자료가 없다보니 이 정도로 나름 역할이 있지 않을까 하는 생각에서 가벼운 마음으로 책으로 내기로 했다.

- 물성의 기술, 최낙언, 2019, 예문당
- Amino acid Biochemistry and nutrition, Guoyao Wu, 2013, CRC press
- Acetic Acid Bacteria, Ilkin Yucel Sengun, 2017, CRC press
- Acetic Acid Bacteria Ecology and Physiology, Kazunobu Matsushita, 2016, Springer Japan
- ORGANIC ACIDS and FOOD PRESERVATION, Maria M. Theron, J. F. Rykers Lues, 2011, CRC press
- Chemistry and Technology of Soft Drinks and Fruit Juices, Philip R. Ashurst, 2016, Wiley Blackwell
- 보존료의 pH효과, https://www.americanpharmaceuticalreview.com/Featured-Articles/343543-Antimicrobial-Preservatives-Part-Two-Choosing-a-Preservative
- 음식과 요리, 해롤드 맥기 지음, 이희건 옮김, 백년후, 2011
- 햄 소세지 제조, 정승희, 한국육가공협회, 2011
- 식품화학, 이형주, 문태화, 노봉수, 수학사
- 식품화학, 조신호, 신성균외, 교문사, 2013

요리의 방점, 경이로운 신맛

-셰프를 유혹하는 신맛과 산미료의 과학

초판 1쇄 인쇄 2021년 8월 26일
초판 1쇄 발행 2021년 9월 23일

지은이 | 최낙언
펴낸이 | 황윤억

주간 | 김순미
편집 | 황인재
디자인 | 엔드디자인
경영지원 | 박진주

인쇄 | (주)우리피앤에스
주소 | 서울시 서초구 남부순환로 333길 36 해원빌딩 4층
전자우편 | gold4271@naver.com 팩스 | 02-6120-0257
문의전화 | 02-6120-0258(편집), 02-6120-0259(마케팅)

발행처 | 헬스레터 (주)에이치링크
출판신고 | 2020년 4월 20일 제2020-000078호

글, 그림 ⓒ 최낙언 2021
이 도서는 한국출판문화산업진흥원의 '2021년 우수출판콘텐츠 제작 지원' 사업 선정작입니다.

값 25,000원
ISBN 979-11-91813-01-2-03590